洪錦魁簡介

2023 年博客來 10 大暢銷華文作家，多年來唯一獲選的電腦書籍作者，也是一位跨越電腦作業系統與科技時代的電腦專家，著作等身的作家。

❑ DOS 時代他的代表作品是「IBM PC 組合語言、C、C++、Pascal、資料結構」。

❑ Windows 時代他的代表作品是「Windows Programming 使用 C、Visual Basic」。

❑ Internet 時代他的代表作品是「網頁設計使用 HTML」。

❑ 大數據時代他的代表作品是「R 語言邁向 Big Data 之路」。

❑ AI 時代他的代表作品是「機器學習 Python 實作」。

❑ 通用 AI 時代第 1 本「ChatGPT、Copilot、無料 AI、AI 職場、AI 行銷」作者。

作品曾被翻譯為簡體中文、馬來西亞文，英文，近年來作品則是在北京清華大學和台灣深智同步發行：

1：C、Java、Python、C#、R 最強入門邁向頂尖高手之路王者歸來

2：Python 網路爬蟲 / 影像創意 / 演算法邏輯思維 / 資料視覺化- 王者歸來

3：網頁設計 HTML+CSS+JavaScript+jQuery+Bootstrap+Google Maps 王者歸來

4：機器學習基礎數學、微積分、真實數據、專題 Python 實作王者歸來

5：Excel 完整學習、Excel 函數庫、AI 助攻學 Excel VBA 應用王者歸來

6：Python x AI 辦公室作業自動化 Word ... 藝術二維碼 ... 爬蟲

7：Power BI 最強入門 – AI 視覺化 + 智慧決策 + 雲端分享王者歸來

8：無料 AI、AI 職場、AI 行銷、AI 繪圖的作者

他的多本著作皆曾登上天瓏、博客來、Momo 電腦書類，不同時期暢銷排行榜第 1 名，他的著作特色是，所有程式語法或是功能解說會依特性分類，同時以實用的程式範例做說明，不賣弄學問，讓整本書淺顯易懂，讀者可以由他的著作事半功倍輕鬆掌握相關知識。

AI 音效、語音與音樂
設計創意影片新時代
序

在這個技術飛速發展的時代，人工智慧（AI）正以前所未有的速度改變我們生活的方方面面，而音效、語音與音樂的創作則是其中最具革命性的領域之一。隨著 AI 工具的崛起，創作者不再需要具備專業的技術背景，僅憑想像力便可以創作出令人驚嘆的作品。本書《AI 音效、語音與音樂：設計創意影片新時代》正是在這樣的背景下誕生，為讀者提供了一個全新的視角，讓大家能夠親身體驗這些技術所帶來的無限創意可能。

本書從多角度深入探討 AI 如何應用於音效、音樂、語音生成，並逐步展示了 AI 在創意產業中的潛力。從文字或圖像生成音效與音樂，到 AI 自動創作的歌曲與影片，每一個章節都充滿著啟發與實踐的機會。不僅如此，本書還深入介紹了虛擬人物影片的創作、AI 語音克隆技術以及自動字幕與旁白的應用，讓讀者能夠輕鬆掌握這些技術，開創自己的數位創作世界。

值得一提的是，本書不僅僅是技術操作指南，還兼顧了創作的靈感和應用場景。無論你是想創作一個迷因短片，例如：「上班族日常」，還是想用 AI 工具來自唱一首「南極旅遊歌」，這些內容都為創意的實現提供了實際的支持。

透過本書，你將學會如何使用 AI 將文字轉換為音效、音樂，圖像與影片。你將探索如何利用 AI 技術創作影片、克隆語音、編輯自動字幕，甚至創作屬於自己的虛擬人像影片。每個章節都設計得極具實用性，讀者可以循序漸進地學習如何將這些工具應用於日常工作或個人創作中。

本書除了講解使用 Runway、Pika、Genmo、Haiper 和 Sora 等 AI 工具，配合文字或圖像建立簡單的影片外。也提供了進一步的指南，教你如何使用 LOVO AI、Canva AI 和 FlexClip 等工具來建立和編輯，具視覺吸引力、內容簡潔有力的影片。這些工具能夠幫助你將前面章節所創建的多媒體素材，例如：音效、音樂、語音和圖像等，無縫整合到影片製作流程中。不論是利用 LOVO AI 為影片添加豐富的語音旁白，還是透過

Canva AI 快速設計出具視覺衝擊力的影片，抑或是利用 FlexClip 進行細緻的影片編輯、特效、AI 功能處理，這些工具將讓你的創作更上一層樓。

AI 技術的強大之處在於，它打破了過去創作的邊界，使得我們能夠以一種全新的方式看待音樂、影像、聲音與影片。這不僅讓專業的創作者受益，還讓更多普通人能夠參與到這場創意革命中來。本書的最大特色在於，它將這些看似複雜的技術進行了簡化和整合，讓每一個讀者都能夠用最簡單的操作，實現最具創意的結果。

《AI 音效、語音與音樂：設計創意影片新時代》不僅是一本技術手冊，更是一扇通往創作自由的新大門。透過它，你將發現，人工智慧不再僅僅是工具，而是創作的夥伴，幫助我們將腦中的無限想像變為現實。

無論你是想為你的影片添加完美的音效，創作一首專屬歌曲，還是想體驗語音克隆的樂趣，本書都會是你不可或缺的指南。讓我們一同踏入這個充滿無限可能的創意新時代，探索 AI 技術帶來的全新視界！編著本書雖力求完美，但是學經歷不足，謬誤難免，尚祈讀者不吝指正。

洪錦魁「jiinkwei@me.com」

2024/10/31

讀者資源說明

本書籍的 Prompt、實例或部分作品可以在深智公司網站下載。

臉書粉絲團

歡迎加入：王者歸來電腦專業圖書系列

歡迎加入：MQTT 與 AIoT 整合應用

歡迎加入：iCoding 程式語言讀書會 (Python, Java, C, C++, C#, JavaScript, 大數據, 人工智慧等不限)，讀者可以不定期獲得本書籍和作者相關訊息。

歡迎加入：穩健精實 AI 技術手作坊

特別說明

本書部份實例透過網址分享，若該網址被原廠移除，則將無法進行瀏覽。

目錄

第 1 章
透過 AI - 文字創意化為真實音效

第 2 章
視覺轉音響 - AI 圖像生成音效

第 3 章
AI 音樂 - Stable Audio

第 4 章
用文字譜出旋律 - AI 音樂生成工具大解析

第 5 章
畫出旋律 - 視覺藝術與音樂的 AI 結合

第 6 章
AI 歌曲創作 – Suno

第 7 章
AI 影片製作 - Runway

第 8 章
AI 導演夢工場 - 探索更多影片生成工具

第 9 章
TTSMaker – 免費的 AI 語音

第 10 章
專案設計 - AI 新聞連線報導

第 11 章
AI 語音與克隆 – ElevenLabs

第 12 章
創作虛擬化身影片 - HeyGen

第 13 章
多功能 AI 語音工作室 - FineVoice

第 14 章

Lovo AI 語音合成與影片創作神器無縫結合情感與語調

第 15 章
AI 翻唱歌曲

第 16 章
Canva AI 影片設計的創意流程

第 17 章
用 AI 打造吸睛影片 - FlexClip 製作全攻略

第 18 章
創作迷因短影片 - 上班族日常

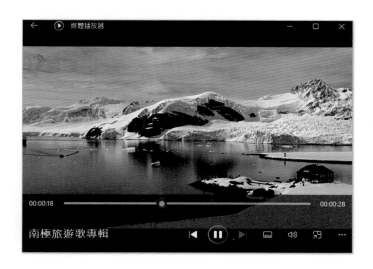

第 19 章
AI 編寫 - 自唱南極旅遊歌

第 1 章

透過 AI
文字創意化為真實音效

　　AI 音效技術正在改變聲音創作的方式，從電影、遊戲到廣播劇，AI 已能生成各種自然、人聲、樂器與特殊效果音效。透過 AI 技術，創作者可以輕鬆地從簡單的文字描述生成高度逼真的聲音場景，不再需要依賴傳統的錄音或音效庫。無論是雷雨的自然氛圍，還是科幻電影中的機器聲效，AI 都能在幾秒鐘內精確呈現。這一章將探討 AI 音效的種類、應用範圍，並展示如何使用 AI 工具輕鬆創造出令人驚嘆的聲音效果。

1-1 AI 音效的類型與實際應用

1-1-1　AI 音效的種類

　　AI 音效的類別可以涵蓋多種聲音效果，以下是常見的 AI 音效類別：

❑　天然音效

　　包含各種天然環境中的聲音，例如：雨聲、風聲、海浪聲、雷聲、森林中的鳥叫聲等。

❑　人聲音效

　　模擬或生成各種人聲，例如：說話聲、尖叫聲、笑聲、哭泣聲、呼吸聲等。

❑　樂器聲音

　　包含不同樂器的音效，例如：鋼琴、吉他、鼓、弦樂、管樂器的聲音，或是不同樂器的合奏效果。

❑　環境音效

　　用於模擬特定場景的聲音，例如：咖啡廳的嘈雜聲、城市交通聲、辦公室環境聲、商店背景音等。

❑　背景氛圍聲

　　用來營造特定情緒或氛圍的音效，例如：恐怖片中的陰森氣氛、歡樂場合的輕鬆音樂、冒險場景中的緊張氛圍。

❏ **機械音效**

模擬各種機械設備或工具的運作聲，例如：引擎聲、齒輪轉動聲、門開關聲、飛機起飛聲等。

❏ **動物聲音**

模擬各種動物的叫聲，例如：貓、狗、鳥、馬等動物的聲音。

❏ **特殊音效**

各種合成的聲音效果，例如：科幻場景中的雷射槍聲、爆炸聲、機器運轉聲、魔法效果等。

這些音效類別可以透過 AI 技術用文字輸入生成，並應用於多種創作場景，例如：生活、辦公室、影片配樂、遊戲設計、廣告製作等。

1-1-2 生活或辦公室的應用

AI 音效在一般生活和辦公室環境中也具有許多創新的應用，以下是一些實例：

❏ **專注與放鬆**

在辦公室或家中，AI 音效可以生成各種背景音，例如：白噪音、森林聲、海浪聲，幫助人們集中注意力或放鬆身心。這些音效可以根據個人偏好或情境自動生成，提高工作效率和舒適感。

❏ **聲音提醒與通知**

AI 音效可以根據不同的事件自動生成特定的提醒音效，例如：會議開始、電子郵件通知等。這些音效可以是個性化的，根據不同任務或情境設定不同的音效，增強辦公環境的智能化管理。

❏ **語音助理**

AI 音效技術與語音助理相結合，能生成更自然、清晰的語音回應，模擬不同的聲音情境，從而提升用戶與設備互動的體驗。例如：智慧家居系統可以透過 AI 音效模擬自然聲，幫助使用者感受到更具體的情境效果。

❏　虛擬會議氛圍

　　在遠距辦公或虛擬會議中，AI 音效可以創造出真實的環境聲，增加會議的臨場感，模擬出真實的會議室音效，讓虛擬會議更具沉浸感和專業性。

　　這些應用展示了 AI 音效在日常生活和辦公室中的多樣化功能，能夠提升環境氛圍和工作效率。

1-1-3　AI 音效創意與技術應用

　　AI 音效的應用範圍廣泛，涵蓋許多創意和技術領域，以下是一些主要的應用：

❏　電影與電視

　　在電影與電視製作中，AI 音效可以自動生成符合場景的音效，例如：環境音效、動作音效以及科幻片中的特殊音效，節省錄音和後製時間。

❏　遊戲設計

　　遊戲開發者使用 AI 生成各種場景中的背景音效、角色聲音、戰鬥效果音，增強玩家的沉浸感，並能即時生成根據玩家行動變化的音效。

❏　音樂製作

　　音樂人可以利用 AI 創作新的樂器音效或合成聲音，探索全新的音樂表現形式，甚至自動生成旋律與和聲。

❏　虛擬實境 (VR) 與擴增實境 (AR)

　　在 VR 和 AR 環境中，AI 音效能根據使用者的動作和場景變化即時生成對應的音效，提升互動性與真實感。

❏　廣告與市場推廣

　　AI 可以快速生成聲音品牌的標誌音或背景音效，提供高度客製化的聲音體驗來強化廣告效果。

　　這些應用說明了 AI 音效如何有效提升創意和效率，並廣泛應用於各種多媒體製作中。

1-2 PopPop AI - 創意音效製造機

讀者可以用搜尋，或是下列網址，進入 PopPop AI 工具視窗：

https://poppop.ai/

進入此網站後，可以看到下列畫面：

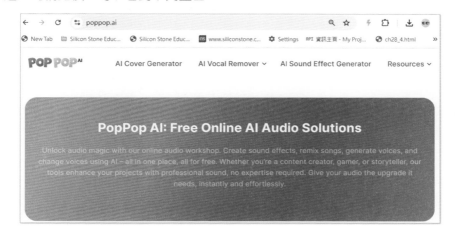

上述網站中文意義如下：

PopPop AI：免費線上 AI 音頻解決方案

「在我們的線上音頻工作坊中解鎖音頻魔法。使用 AI 創造音效、重混歌曲、生成聲音、改變聲音等，一切都在同一個平台，完全免費。無論你是內容創作者、玩家還是說書人，我們的工具都能為你的項目增添專業音效，無需專業知識。讓你的音頻即刻輕鬆升級，提升質感。」

1-2-1 PopPop AI 目前的功能

這個工具目前有 3 大類功能：

❏ **AI Cover Generator**

免費線上 AI 歌曲翻唱生成器，使用你喜愛的聲音在線上免費製作 AI 翻唱，未來第 14 章會介紹。

❏ **AI Vocal Remover**

免費線上 AI 人聲移除與分離工具，可以從任何歌曲中移除人聲。

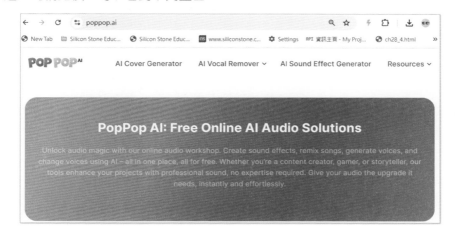

❏　**AI Sound Effect Generator**

免費 AI 音效生成器，也可稱「線上音效製作工具」。可以將文字轉換為自然音效、人聲音效、樂器聲音、環境音效、特效等，並且完全免費。每次可生成 2 個長度是 15 秒的 wav 音效，完成後可以試聽與下載。

1-2-2　即將推出的功能

此外，公司官網首頁下方，也揭露 2 個酷炫，即將上市的 AI 功能。

❏　**AI Voice Generator**

用 AI 技術將文字轉換為語音，創造任何聲音，例如：名人或角色的聲音，並可選擇你喜愛的語調或語言。

❏　**AI Voice Changer**

用 PopPop AI 豐富的聲音庫，將你的聲音變換為任意選擇的聲音。透過 AI 技術輕鬆根據你的喜好修改聲音。

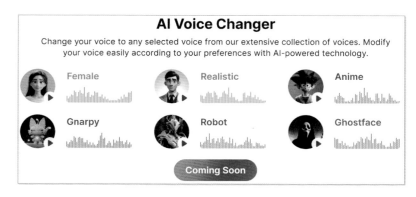

上述有 6 種類別的聲音選擇。

- Female：女性
- Realistic：逼真
- Anime：動漫
- Gnarpy：粗啞的（音效描述，通常形容聲音沙啞且粗糙）
- Robot：機器人
- Ghostface：鬼臉（通常用來形容幽靈般的聲音效果）

1-2-3　AI 音效生成

1-1-1 節筆者介紹了 AI 音效的類別，下列將舉 Prompt 實例，讓我們實際了解此工具可以如何幫助我們。所生成的音效副檔名是 wav，可以按圖示 ⬇ 下載。

註　PopPop AI 可以理解多國語言，所以我們可以用中文輸入。請點選 AI Sound Effect Generator 標籤後，可以看到下列畫面。

上述 Prompt 輸入區內文意義是，「智慧模式：自動美化並補充您的音效描述，因此您只需簡單地描述，例如：「雷聲」、「溪流」等就可以生成音效。它還支持多種語言，包括英文、法文、日文、中文、韓文等。」同時在輸入框可以看到 Prompt 限制是 250 個字元

Prompt 輸入完成後，點選 Generate 鈕，就可以生成音效。我們可以用簡單文字描述，讓 PopPop 生成音效，下列是簡單生成救護車聲音的音效實例。

每次會生成 2 個音效，可以點選圖示 ▶，試聽音效。也可以點選圖示 ↓ ，下載音效。上述實例有下載到 ch1 資料夾，讀者可以下載了解效果。

註　所有聲效下載後，用媒體播放器試聽，可以有比較好的音效。

本章其他實例也可以在 ch1 資料夾看到生成的音效檔案。

1-2-4　天然音效

Prompt：森林鳥鳴聲。「生成清晨寧靜的森林氛圍，伴隨鳥鳴聲、微風吹動樹葉的沙沙聲和附近溪流的潺潺流水聲。」

下列是其他 Prompt 實例，讀者可以自行測試。

Prompt：海浪聲音效。「生成輕柔海浪拍打沙灘的聲音，伴隨微風以及遠處偶爾傳來的海鷗鳴叫聲。」

Prompt：雷雨聲音效。「生成強烈雷雨的聲音，伴隨遠處的雷聲、強風以及雨滴打在窗戶上的聲音。」

1-2-5 人聲音效

Prompt：笑聲音效。「生成一群人在派對上開心大笑的聲音，混合男聲和女聲，聲音的音高和強度有所不同。」

Prompt：驚呼聲。「生成一群人驚訝喘氣的聲音，幾個聲音特別明顯，其他人在背景中較為安靜地做出反應。」

Prompt：講話聲音效。「生成兩人在安靜房間中進行平靜對話的聲音，偶爾有停頓，並且其中一個人輕聲笑著。」

1-2-6　樂器聲音

Prompt：吉他掃弦音效。「生成一把木吉他慢速掃弦演奏舒緩的和弦進行，並伴隨手指滑過琴弦的聲音。」

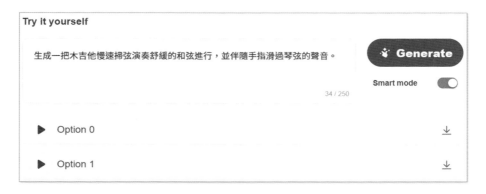

Prompt：鋼琴演奏音效。「生成大鋼琴在大型音樂廳中演奏柔和、感性的旋律，伴隨自然的回音和輕柔的按鍵聲。」

Prompt：小提琴獨奏音效。「生成一把小提琴獨奏高亢、悠長的旋律，帶有持續的長音，在有回音的房間內演奏。」

1-2-7　環境音效

Prompt：咖啡廳環境音效。「生成繁忙咖啡廳的聲音，背景有人聲交談、杯子碰撞聲，偶爾伴隨咖啡機蒸氣的聲音。」

　　Prompt：火車站環境音效。「生成火車站的環境聲音，伴隨遠處的廣播聲、腳步聲、列車進站聲以及不同語調的人聲交談。」

　　Prompt：海灘環境音效。「生成輕鬆的海灘聲音，伴隨海浪輕拍沙灘的聲音、海鷗的鳴叫以及遠處人群玩耍的隱約聲音。」

1-2-8　背景氛圍聲

　　Prompt：冒險場景氛圍音效。「生成緊張的冒險氛圍，伴隨遠處的雷聲、風吹過樹葉的沙沙聲，以及腳步輕踩碎石的聲音。」

　　Prompt：恐怖氛圍音效。「生成陰森、詭異的背景氛圍，伴隨遠處的低語聲、門軋聲和低沉不祥的風聲，非常適合鬼屋場景。」

　　Prompt：浪漫晚餐氛圍音效。「生成浪漫晚餐的氛圍音效，伴隨柔和的背景音樂、輕柔的酒杯碰撞聲，以及燭光餐廳中低聲的交談聲。」

1-2-9　機械音效

Prompt：飛機引擎啟動音效。「生成噴氣引擎啟動的聲音，伴隨低沉的嗡嗡聲逐漸增強成為強勁的轟鳴聲，準備起飛的情景。」

Prompt：機器人運動音效。「生成機器人行走和移動手臂的聲音，伴隨機械關節的咔嗒聲和伺服馬達的嗡嗡聲。」

Prompt：工廠機械運作音效。「生成繁忙工廠的聲音，伴隨大型機械運作、金屬零件碰撞聲以及輸送帶運行的聲音。」

1-2-10　動物聲音

Prompt：馬的嘶鳴和蹄聲。「生成一匹馬大聲嘶鳴並在開闊的草地上奔跑的聲音，伴隨著規律的馬蹄聲。」

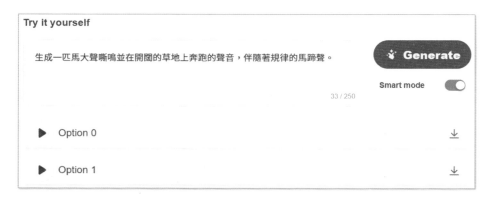

　　Prompt：森林中的鳥鳴聲。「生成多種鳥類在茂密森林中鳴叫的聲音，音高和節奏各異，營造出充滿生氣的自然氛圍。」

　　Prompt：狗吠聲和嘶叫聲。「生成一隻大型狗激烈吠叫的聲音，伴隨偶爾的低吼聲，背景中還有另一隻狗輕聲哀鳴。」

1-2-11　特殊音效

　　Prompt：魔法咒語施放音效。「生成巫師施放強大魔法咒語的聲音，伴隨逐漸增強的不祥低頻嗡嗡聲，隨後能量突然釋放時的呼嘯聲。」

　　Prompt：雷射槍射擊音效。「生成未來科技的雷射槍射擊聲音，伴隨尖銳的高音電流聲和每次射擊後的短暫電流嗡嗡聲。」

　　Prompt：爆炸音效。「生成在開闊地區發生的大型爆炸聲，伴隨低沉的轟鳴聲、爆炸後散落的碎片聲以及爆炸的回音。」

1-2-12　音效作品欣賞

　　除了可以生成音效外，PopPop AI 也提供優秀 Prompt 的作品欣賞。在創作環境，視窗往下捲動可以看到特殊音效的展示：

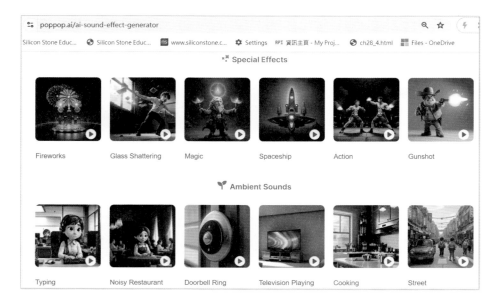

點選 sound effects 超連結，或是輸入下列網址：

https://poppop.ai/ai-sound-effect-generator/collection

可以看到更多 Prompt 實例與生成的音效展示：

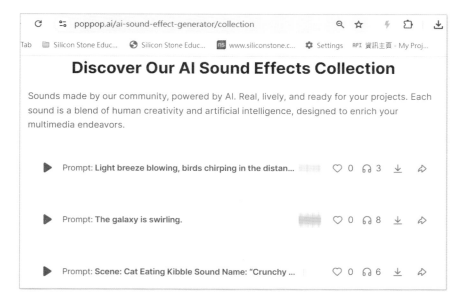

1-3 MyEdit - 音效魔法師工廠

MyEdit 是台灣訊連 (CyberLink) 公司的產品,這也是一款非常實用的 AI 音效生成工具,它能幫助使用者快速、方便地生成各種音效。如果你在尋找一款簡單易用的音效生成工具,MyEdit 不失為一個好選擇。

1-3-1 認識 MyEdit 環境

讀者可以用搜尋,或是下列網址登入 MyEdit 環境:

https://myedit.online/tw/audio-editor

進入後需要註冊,然後可以看到下列各類的 AI 工具畫面:

註 以上畫面取材自訊連公司。

剛進入有免費點數,未來進入可以點選「獲得免費點數」,每天可獲得 3 點測試。上述請點選 AI 音效生成器。

接著是 AI 音效生成器的歡迎畫面,請點選立即免費生成音效鈕。就可以進入 AI 音效生成器環境。

1-3-2　MyEdit 特色與優點

MyEdit 的主要特色：

● 文字轉音效：你只需輸入簡單的文字描述，MyEdit 就能幫你生成對應的音效。例如，你可以輸入「森林裡的風聲」、「海浪拍打岩石的聲音」等等。

● 多樣化的音效風格：MyEdit 能生成各種風格的音效，從自然環境音到科幻效果音，應有盡有。

● 易於操作：MyEdit 的介面非常直觀，即使沒有專業的音效編輯經驗，也能輕鬆上手。

● 廣泛的應用： MyEdit 生成的音效可以應用於各種場景，例如影片製作、遊戲開發、Podcast 等。

MyEdit 的優點：

● 操作簡單：不需要任何專業知識，只需輸入文字就能生成音效。

● 速度快：生成音效的速度非常快，能大大提高工作效率。

● 音質優良：MyEdit 生成的音效品質較高，能夠滿足大部分的使用需求。

1-3-3　文字生成音訊

文字生成音訊環境介面如下：

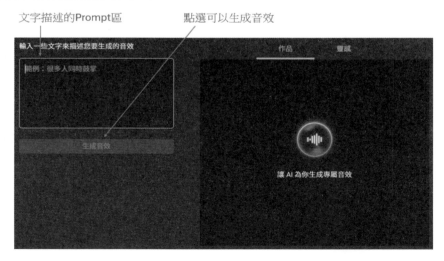

然後讀者就可以輸入文字生成音訊了。

Prompt：雷雨聲音效。「生成強烈雷雨的聲音，伴隨遠處的雷聲、強風以及雨滴打在窗戶上的聲音。」

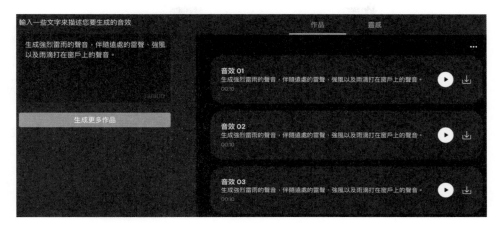

目前預設是生成 3 段，10 秒的音訊，讀者可以點選圖示 ▶ 試聽，也可以點選圖示 📥 下載，所下載的音訊是 mp3 檔案。經過測試，筆者感覺品質不錯，非常推薦。

1-3-4　獲得音訊靈感

如果一時不知道要創造何種音訊，可以點選靈感標籤，獲得 Prompt 題詞的靈感，目前有提供日常生活、動態、科技、自然、人聲與戰場等共 6 種音效靈感的類別可以測試。

1-3-5　升級訂閱

目前 MyEdit 有關 AI 音訊工具的付費方案如下：

如果讀者是常常使用，建議可以購買此工具。

1-4　OptimizerAI – 音韻幻境造夢師

讀者可以用搜尋，或是下列網址，經過註冊後，可以進入官網。

https://www.optimizerai.xyz/gallery

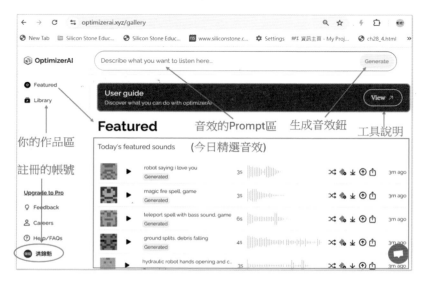

註冊完後，OptimizerAI 會給我們 75 點，生成一次音效會扣 5 點。右下方是聊天圖示，點選後可以和官網的人對話。

1-4-1　使用說明

上述畫面，點選 User guide 欄位右邊的 View 鈕，可以進入此 OptimizerAI 的使用說明環境，下列是使用說明。

文字生成音效模型擅長生成持續時間為 0.1 至 10 秒的音效，並提供精確控制。例如，它可以區分大狗與小狗的吠叫聲，並生成相應的音效。每次生成將提供五個音效選項，您可以選擇自己喜歡的音效，並將其用於遊戲、個人影片、動畫等用途。

❏　**Text-to-Sound 文字生成音效**

1.　模型會根據您的描述生成音效。
2.　您可以輸入任何類型的文字描述。
3.　時長：以 0.1 秒為增量設置音效的長度。
4.　風格：設置輸出音效的整體風格。

在提示中包含「Single」將生成單一擬音效果。

Prompt：「robot voice saying "welcome"」

❏　**Variation 變體音效**

從基礎音效中，會生成 5 個略有不同的音效。如果您喜歡某個音效並希望獲得其變體，可以使用變體功能。請注意，某些情況下，原始音效可能無法保留。

如果您點擊音效變體的「variation」標籤，可以檢查原始音效。

❏　**Upscale 音效升級**

透過升級，您可以將基礎音效轉換為高品質音效，保留原始本質但提升細節。如果在初始創建時勾選「Upscale」選項，您會直接收到升級過的音效。已升級的音效無法再次升級。

如果您點擊「upscale」或「Upscaled」標籤，您可以檢查音效的來源。

1-4-2　創作 Prompt 區

在 OptimizerAI 視窗點選 Prompt 區，可以看到下列完整的 Prompt 區。

在精選區可以看到 OptimizerAI 可以依據英文，產生音效，例如：下列是官網的精選 Prompt 實例：

「robot saying i love you」：可以聽到「i love you」英文發音。

「robot voice saying "welcome"」：可以聽到「welcome」應文發音。

1-4-3　中文與英文測試說明

筆者多次測試，感覺 OptimizerAI 對中文的理解能力比較弱，所以建議用 OptimizerAI 時，用英文輸入。例如：下列 2 個 Prompt 意義一樣，但是效果完全不同。

Prompt：「時鐘的滴答聲」，下列是生成的結果，但是效果不好。

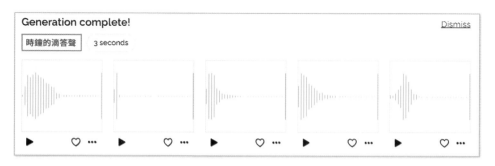

Prompt：「Clock ticking」

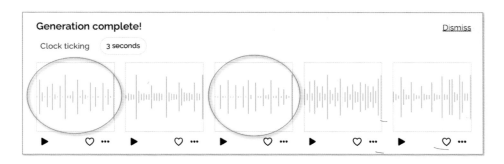

上述圈選部分的效果則是非常好的音效。

1-4-4 海浪音效實例

Prompt：海浪聲音效，由於文字敘述比較長，所以這一個實例調整為 10 秒。「Produce the sound of gentle ocean waves crashing against a sandy beach with a light breeze and occasional seagull calls in the distance.」(生成輕柔海浪拍打沙灘的聲音，伴隨微風以及遠處偶爾傳來的海鷗鳴叫聲)

上述圈選部分的效果則是非常好的音效。

1-4-5 創作的音效庫

在 OptimizerAI 視窗點選 Library 項目，可以進入自己的創作區。

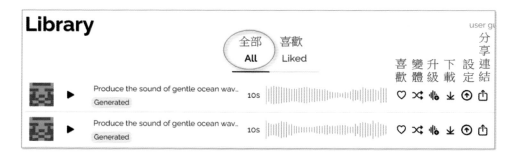

　　在 Library 項目如果選擇 All，可以看到所有的音效創作。如果選擇 Liked 則是看到，先前標記喜歡的音效創作。此時有 6 個功能鈕選項：

- 喜歡：點選喜歡，未來可以在 Liked 選項下看到此音效。
- 變體：可以由此音效生成 5 個變體音效。
- 升級：點選後可以升級音效品質，需注意「已經升級的音效無法再升級」。
- 下載：可以下載音效，不過必須加入 PRO 或是 Unlimited Plan 版，才可以下載。其實下載功能，對免費試用的用戶沒有開放有一點遺憾，不過讀者可以進入 discord.com 的 OptimizerAI 使用此工具，就可以下載，細節可參考 1-4-7 節。
- 設定：可以設定音效的類型。
- 分享連結：可以生成網址連結供複製。

1-4-6　OptimizerAI 收費規則

免費	Pro	Unlimited
免費	14 美金 / 每個月（年繳）	63 美金 / 每個月（年繳）
75 點 / 每個月	2000 點 / 每個月	無限制點數
有限商業條款	可自由應用	可自由應用
每天可以使用	每天可以使用	每天可以使用
伺服器共享	伺服器共享	伺服器共享
音效升級	音效升級	音效升級
音效變體	音效變體	音效變體
	音效下載	音效下載
		新功能優先使用

1-4-7 OptimizerAI 在 discord.com

在 discord.com/channels 也有 OptimizerAI 工具，此工具相較於 OptimizerAI 官網，最大優點是可以下載所生成的音效，讀者可以用下列網址登入。

> https://discord.com/channels

一樣會有註冊過程，進入後可以看到下列畫面，這是大家共同創作環境，我們可以看到別人的作品，別人也可以看到我們的作品。

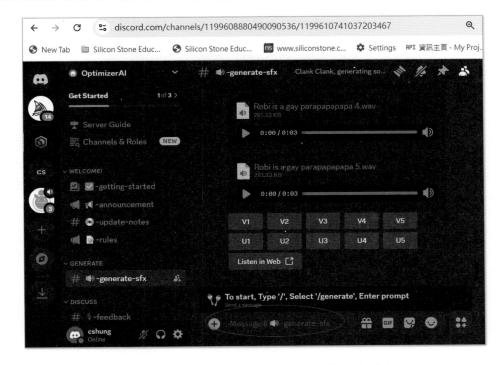

上述請輸入「/」，然後選擇「generate」，就可以輸入生成音效的 Prompt。

Prompt：鈴鐺聲。「Bell ringing」

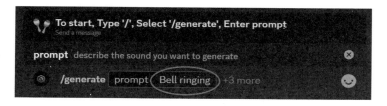

上述按 Enter 鍵後，就可以生成鈴鐺音效。

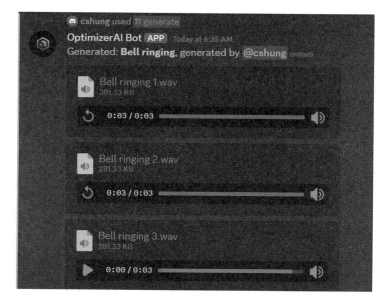

原則上會生成 5 個音效,所以往下捲動可以看到其他 2 個音效。

每個音效右上方有下載鈕,本書 ch1 資料夾有 2 個 Bell_ringing_x.wav 音效,讀者可以參考。

- V 是 Variation 的縮寫,有 V1 ~ V5 鈕,這是針對 5 個音效,可以生成對應的變種音效。

- U 是 Upscale 的縮寫,有 U1 ~ U5 鈕,這是針對 5 個音效,可以生成對應的升級音效。

1-5 建立 AI 文字轉音效專輯封面

我們可以用 DALL-E、ChatGPT 或 Copilot 等 ... 系列 AI 繪圖工具生成音效專輯封面。其中 DALL-E 會生成 2 張圖像,這也是本書使用的 AI 繪圖工具。

1-5-1 音效文字 Prompt 生成圖像

前面敘述了用文字生成音效,我們也可以應用 AI,將生成音效的文字轉成圖像。

實例 1:「火車站環境音效」圖像。

> 請用下列文字創作圖片
> 「生成火車站的環境聲音,伴隨遠處的廣播聲、腳步聲、列車進站聲以及不同語調的人聲交談。」

實例 2：「雷雨聲音效」圖像。

請用下列文字創作圖片
「生成強烈雷雨的聲音，伴隨遠處的雷聲、強風以及雨滴
打在窗戶上的聲音。」

實例 3：「雷射槍射擊音效」圖像。

> 請用下列文字創作圖片
> 「生成未來科技的雷射槍射擊聲音，伴隨尖銳的高音電流聲和每次射擊後的短暫電流嗡嗡聲。」

1-5-2 建立文字轉音效專輯封面

在 ch1 資料夾有許多筆者生成的 AI 音效檔案，圖片是 sound_list.png 是這些音效檔案的截圖，我們可以上傳 sound_list.png 圖檔，用下列 Prompt 生成音效專輯封面。

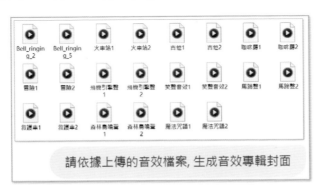

> 請依據上傳的音效檔案, 生成音效專輯封面

1-5-3　建立主題是 Text to Sound 的音效專輯封面

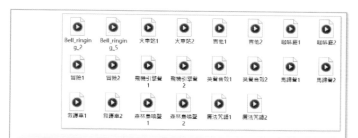

請依據上傳的音效檔案, 生成名稱是"Text to Sound"的音效專輯封面,

第 2 章

視覺轉音響
AI 圖像生成音效

你曾想像過一張靜謐的湖面照片能化為潺潺流水聲，或是豔麗的星空圖能轉換成神秘的宇宙背景音樂嗎？隨著人工智慧（AI）技術的日新月新，這樣的想像已不再是遙不可及的夢想。AI 工具的發展，讓我們能將視覺的藝術轉化為聽覺的饗宴。透過 AI，我們可以將一張張靜態的圖片，賦予動態的聲音，創造出獨一無二的聽覺體驗。這篇文章將帶您一探究竟，了解 AI 工具如何將圖像轉換為音效，以及這項技術在藝術、遊戲、影視等領域的潛力。

2-1　Image to SFX - 用 AI 為圖像配樂

這是一款專門針對圖片轉音效的免費工具，操作簡單，能根據圖片內容生成對應的音效。

2-1-1　進入 Huggingface 的 Image to SFX 網頁

讀者可以搜尋「Image to SFX」，然後用超連結進入 huggingface.co 網站。

請點選上述超連結，就可以進入下列網址：

https://huggingface.co/spaces/fffiloni/Image2SFX-comparison?ref=futuretools.io

進入網站後，可以看到下列一隻鳥在河流的照片：

2-1-2 預設圖片生成音效

預設的 AI 模型是 AudioLDM-2，也有下列模型可以選擇讀者也可以自行測試其他模型。:

- MAGNet
- AudioGen
- Tango
- Tango 2
- Stable Audio Open

目前預設環境，請點選 Submit 鈕，讓我們聆聽預設圖片的音效，完成後可以得到 10 秒的 wav 音效。下列測試結果，存入 ch2 資料夾的 bird_AudioLDM-2.wav。

> 註　預設的 AudioLDM-2 模型由於測試者太多，可能在白天會測試失敗，下列是讀者可能看到的畫面：

這時可以先選用其他模型，下列是使用 AudioGen 模型測試，從聲波圖可以看到完全不一樣的波紋，讀者可以在 ch2 資料夾得到此 bird_AudioGen.wav。

上述使用 2 個模型測試結果，筆者感覺 AudioLDM-2 模型品質效果比較好。

2-1-3　海浪圖片音效

如果要測試其他圖片，可以點選圖片右上方的圖示 ⌧ ，將看到下列畫面。

Image to SFX

Compare sound effects generation models from image caption.

⬆

拖放圖片至此處
- 或 -
點擊上傳

請拖曳 ch2 資料夾的 shore.jpg 圖片到上述區域，可以看到下列畫面：

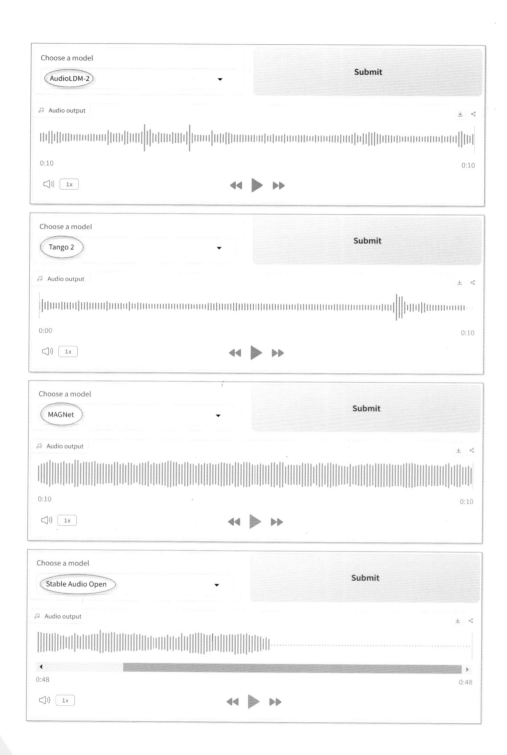

上述使用 4 個模型測試結果，筆者感覺 AudioLDM-2 和 Stable Audio Open 模型品質效果比較好，讀者可以在 ch2 資料夾得到測試結果。

2-1-4　煙火音效

請使用 ch2 資料夾的 fireworks.jpg 圖片。

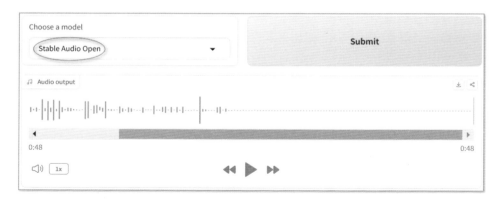

　　這張煙火圖片 fireworks.jpg，使用 2 個模型測試結果，筆者感覺 Stable Audio Open 模型品質效果比較好，因為有比較綿密的煙火聲音，讀者可以在 ch2 資料夾得到測試結果。

2-2 Melobytes - 圖像變奏曲

　　這是一家新創的 AI 公司，有許多功能，本節將只針對圖片生成音效 (AI Imageto sound) 做說明。

2-2-1　進入官網

　　讀者可以用搜尋「melobytes」方式進入官網：

進入後會有註冊過程，成功後可以進入官網，請點選 AI Image to sound。

可以看到下列畫面。

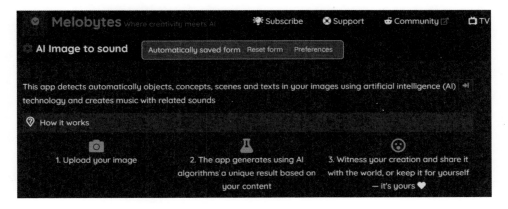

從「How it works」可以看到使用步驟非常簡單：

1. 上傳圖片。

2. 讓 app 生成你要的音效，下一小節會有實例說明。

3. 可以目睹 AI 創作的結果與分享。

2-2-2 煙火圖片音效

在 ch2 資料夾有 fireworks.jpg，請點選 Upload your image 上傳此圖片。

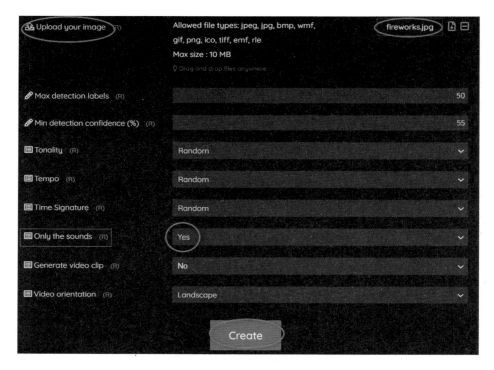

在 Only the sounds 欄位選擇 Yes，點選 Create 鈕，就可以生成音效了。

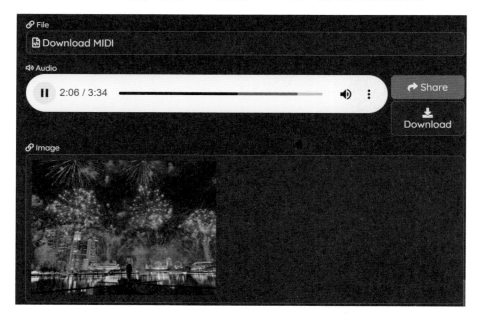

一次可以生成 3 分 34 秒的音效，點選 Download 鈕，可以下載，會看到下方左圖，請再點選一次圖示 ⋮，然後點選下載，就可以正式下載音效。

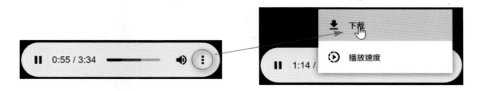

上述生成的音效檔案，已經儲存在 ch2 資料夾的 fireworks_melobytes.mp3 檔案，讀者可以試聽。在 3 分 30 秒的音效中，筆者感覺有幾段是非常符合圖片意境。

2-2-3　都市街道

在 ch2 資料夾有 city.jpg，下列是筆者測試的結果畫面。

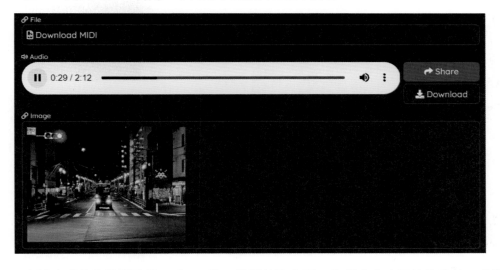

上述生成的音效長度是 2 分 12 秒，整體的確有展示出都會車水馬龍的音效，非常精準，細節讀者可以參考 ch2 資料夾的 city_melobytes.mp3。

2-3　AI 音效視覺化 - 為你的聲音打造獨特封面

2-3-1　建立圖片轉音效專輯封面

　　這一節使用了 city.jpg、shore.jpg 和 firesworks.jpg 等 3 張圖片生成的 AI 音效檔案，筆者分別上傳這些圖檔，用 DALL-E 3 與下列 Prompt 生成音效專輯封面。

我用這3張圖像創造了音效檔案, 你可以用這個觀念創造音效的專輯封面嗎

2-3-2 建立主題是 Image to Sound 的音效專輯封面

我用這3張圖像創造了音效檔案, 請創造主題是"Image to Sound"的音效專輯封面嗎

第 3 章

AI 音樂 - Stable Audio

　　隨著人工智慧（AI）技術的日新月新，音樂創作不再是人類專屬的領域。AI 作曲工具的出現，讓音樂創作變得更加多元且充滿無限可能。從簡單的旋律生成到複雜的編曲，AI 都能夠勝任。透過機器學習和深度學習技術，AI 可以分析大量的音樂數據，學習不同音樂風格、作曲技巧，並生成具有創造性的音樂作品。這一章將用 Stable Audio 工具帶您探索 AI 音樂的世界，了解 AI 如何改變我們的聽覺體驗，以及它在音樂產業的未來發展。

3-1　AI 音樂的起源與應用

3-1-1　認識 AI 音樂的起源

　　AI 音樂的起源可以追溯到 20 世紀 50 年代和 60 年代，那時計算機科學家和音樂家開始探索如何利用計算機技術創作音樂。最早的實驗之一是在 1957 年，由澳洲科學家 CSIRAC 電腦完成的音樂表演。隨著技術的發展，人們開始尋求利用人工智慧和機器學習技術來創作音樂。

- 1980 年代：神經網絡技術的發展為 AI 音樂提供了更多的可能性。其中，David Cope 的「Emmy」（Experiments in Musical Intelligence）成為了最具代表性的實驗之一，該項目利用神經網絡創作出具有巴洛克和古典風格的音樂作品。

- 1990 年代至 2000 年代：機器學習和數據挖掘技術在音樂創作中得到了廣泛應用。例如：Markov 鏈、遺傳算法和其他機器學習技術被用來生成音樂。

- 2010 年代：深度學習技術的崛起引領了 AI 音樂的新時代。Google 的 Magenta 項目、IBM 的 Watson 音樂創作系統以及 OpenAI 的 MuseNet 等項目紛紛嶄露頭角，這些技術使得 AI 能夠生成更具創意和高質量的音樂作品。

- 近年來：生成對抗網絡（GANs）和變化自動編碼器（VAEs）等創新技術被引入到 AI 音樂領域，為音樂生成帶來了新的可能性。

　　AI 音樂的起源和發展歷程反映了人工智慧技術的演進和發展。從最初的依據規則的創作，到後來機器學習和深度學習的應用，AI 音樂不斷地拓展著音樂創作的疆界，並為未來音樂產業的發展帶來了無限的可能。

3-1-2　AI 音樂的應用範圍

　　AI 音樂的應用範圍非常廣泛，涵蓋了從創作到分析的各個領域。以下是一些主要

的應用：

❑　音樂創作

　　AI 能夠自動生成音樂，並依據特定風格、情感或主題來創作曲目。像是流行音樂、古典音樂或電子音樂，都可以透過 AI 模型生成，並用於商業廣告、背景音樂、影片配樂等。

❑　個性化音樂推薦

　　AI 能夠根據用戶的喜好、聽歌歷史和偏好，提供個性化的音樂推薦服務。這在音樂串流平台如 Spotify 或 Apple Music 中非常常見，透過 AI 演算法提升用戶體驗。

❑　音樂生成與輔助工具

　　音樂製作人可以利用 AI 輔助作曲，幫助生成旋律、和弦進行或節奏。這些工具可以幫助音樂人迅速探索新的音樂創意，節省時間並提高創作效率。

❑　音樂修復與編輯

　　AI 可以用來修復老舊或損壞的音樂錄音，還能夠進行自動混音和母帶製作，讓音質更加完美。同時，AI 還可以自動編輯音樂，針對不同需求進行剪輯和調整。

❑　情感分析與音樂療法

　　AI 可以分析音樂中的情感元素，進一步用於音樂療法中，幫助改善人們的情緒或治療心理問題。例如：AI 可以為焦慮症患者創建鎮靜的音樂來達到舒緩效果。

❑　聲音合成與音效設計

　　AI 可以模擬不同樂器或聲音的合成，為遊戲、電影或廣播製作出逼真的音效。此外，AI 還能夠設計獨特的音效，適用於各種創意領域。

❑　音樂版權保護與管理

　　AI 能夠自動檢測音樂中的版權內容，幫助保護音樂創作者的版權，並能管理大規模的音樂資料庫，有效解決音樂市場中的侵權問題。

　　AI 在音樂領域的應用，無論是在創作還是技術層面，正不斷革新並改變音樂產業的未來。然而，AI 生成的音樂也存在一些挑戰，例如：如何保持音樂的創意性和情感表達，以及如何平衡人工和自動化的創作過程。

3-2　AI 音樂的優勢與挑戰

　　AI 音樂具有多方面的優勢，不僅為音樂創作、體驗和管理帶來了創新，還提供了許多傳統音樂製作無法輕易實現的功能。

3-2-1　AI 音樂優勢

❏　創作效率提升

　　AI 能夠自動生成音樂，快速完成旋律、和弦進行等工作，縮短音樂創作過程中的時間成本。對於專業音樂人來說，AI 能協助他們探索新的創意，幫助突破創作瓶頸。

❏　個性化與定制化

　　AI 可以根據個人的喜好、情緒或場景來生成量身定做的音樂，實現真正的個性化體驗。例如：AI 能創作專屬於用戶的背景音樂、健身音樂或助眠音樂，滿足不同需求。

❏　無限創意來源

　　AI 擁有廣泛的數據集和風格參數，可以創造出不同音樂風格的變化，甚至是混合多種音樂元素。這使得 AI 能夠生成一些人類音樂家可能無法想到或很難實現的音樂創意，為音樂創作注入無限的可能性。

❏　即時生成音樂

　　AI 可以即時生成音樂，尤其適合直播、活動或即興演出等場合。這種能力使音樂不再依賴於預先設計，能夠根據現場需求或觀眾反應靈活調整，帶來更豐富的互動性和創意表達。

❏　降低創作門檻

　　AI 音樂工具讓即使沒有專業音樂知識的人也能參與音樂創作。這降低了音樂創作的門檻，讓更多人能夠享受音樂創作的樂趣，促進音樂的普及和創意的多樣性。

❏　自動化音樂處理

　　AI 能夠自動進行混音、編曲和母帶製作等技術性工作，這不僅節省了時間，也能確保專業的音質和標準化處理。這對於小型工作室或獨立音樂人來說尤其有用，因為 AI 能減少對高成本設備和專業人力的依賴。

❏ 無限音樂產出

AI 可以持續生成大量音樂作品，這對於需要背景音樂、遊戲配樂或廣告音樂等產業來說特別有利。企業或內容創作者可以快速獲取大量的原創音樂，無需擔心版權或授權問題。

❏ 音樂分析與理解

AI 不僅能創作音樂，還能進行深入的音樂分析，如風格分類、情感分析等。這能幫助音樂平台進行精確的推薦，也有助於理解音樂的複雜性和文化背景，進而改進演算法和使用體驗。

❏ 跨文化音樂創作

AI 能夠輕鬆跨越不同音樂文化和風格，融合世界各地的音樂元素，創造出具有多樣性和全球性的音樂作品。這種跨文化的音樂創作，有助於推動不同音樂文化之間的交流和融合。

❏ 音樂版權保護

AI 還能協助音樂版權的管理和保護，透過自動檢測系統，防止未經授權的音樂使用，保護創作者的權益，並幫助快速處理版權問題。

總結來說，AI 音樂的優勢不僅體現在提升創作效率和降低門檻上，還能創造出新的音樂體驗和互動方式，讓音樂產業變得更加多樣化、包容性更強。

3-2-2 AI 音樂的挑戰

雖然 AI 音樂有許多優勢，但它也面臨一些挑戰，這些挑戰在技術、倫理、法律和藝術表達等多個層面都顯現出來。以下是 AI 音樂面臨的主要挑戰：

❏ 創意和藝術性的限制

AI 生成的音樂雖然可以快速創作，但其創造力仍然有限。AI 的創作依賴於既有數據，難以像人類音樂家一樣表達深層的情感、哲學思考或藝術靈感。AI 音樂往往在某些情感層面上顯得單調，缺乏人類音樂創作中的獨特性與深度。

❏　音樂同質化問題

AI 生成音樂依賴於大型音樂數據集，但這些數據可能導致生成的音樂趨於同質化。當 AI 模型過度依賴既有風格或模式時，可能難以創造出真正獨特且具創新性的音樂，導致音樂作品之間相似度過高，缺乏多樣性。

❏　音樂創作者的角色變化

AI 參與音樂創作過程後，傳統音樂創作者的角色可能會受到挑戰。隨著 AI 生成音樂的普及，部分人擔心這可能會削弱人類音樂家的地位，甚至引發關於音樂創作的價值和職業未來的爭議。人們可能會質疑，當 AI 能生成大量音樂時，音樂家的原創性和創作意義何在。

❏　版權與法律問題

AI 生成音樂的版權問題尚未完全解決。由於 AI 創作的作品多數是應用已有的音樂數據，容易出現版權侵權的風險。此外，AI 生成的音樂屬於誰的版權？這涉及到 AI 創作者、開發者、使用者以及數據集提供者的權益劃分，法律層面的界定尚未完善。

❏　數據集的偏見與倫理問題

AI 音樂生成依賴大規模的音樂數據集，而這些數據可能會帶有偏見。舉例來說，若數據集偏重某些特定風格或文化背景，AI 生成的音樂可能會無法充分反映全球音樂的多樣性。此外，使用他人創作的音樂作為訓練資料，是否經過合法授權或經音樂創作者同意，這涉及到倫理問題。

❏　情感表達的局限

雖然 AI 能夠生成不同情感的音樂，但它對於音樂中的微妙情感表達仍然不夠精確。人類音樂家能夠根據自身經歷和情感創作出充滿個人特色的作品，而 AI 無法體驗情感，因此只能模擬出以數據為基礎的情感，這可能會使音樂失去部分人性化和感性層面的表現力。

❏　技術複雜性與成本

開發和使用 AI 音樂生成系統需要大量的技術投入和資源。高質量的 AI 音樂模型需要龐大的數據和計算能力，這對於中小型音樂製作人或公司來說，可能會增加成本和技術難度。此外，AI 系統需要不斷更新和優化，這也帶來了維護和操作的挑戰。

❑　**音樂行業的接受度**

雖然AI音樂的技術不斷進步，但音樂行業對於AI生成音樂的接受度仍然參差不齊。傳統音樂創作者、聽眾和評論家可能對 AI 音樂持保留態度，認為 AI 生成的作品缺乏人性溫度，可能對其價值和藝術性持懷疑態度。

❑　**文化與風格的多樣性不足**

AI 主要是根據已有的音樂數據進行訓練，因此如果數據集中缺乏某些文化或音樂風格，AI 可能會忽略這些音樂文化的多樣性。此外，由於 AI 無法理解文化背景和音樂背後的故事，可能無法生成具有文化深度或社會意涵的音樂作品。

總結來說，AI 音樂在技術與創新方面雖然有著巨大的潛力，但也面臨著藝術性、法律和倫理等多方面的挑戰。如何在技術進步與人類創作之間找到平衡，將是未來 AI 音樂發展的重要課題。

3-3　AI 音樂 - Stable Audio

Stable Audio AI 工具是這一章的重點內容，此工具目前有下列功能：

● Text-to-audio：文字 Prompt 生成音樂或音效 (與第 1 章內容相同)。

● Audio-to-audio：音樂或音效搭配文字 Prompt，生成新的音樂或音效。

● Input vocals：人聲音生成音樂或音效，目前是測試的第 1 版。

3-3-1　認識 Stable Audio

Stable Audio 是 Stability AI 於 2023 年 9 月推出的文字轉音樂 AI 模型，也是近來在 AI 音樂生成領域備受關注的一款工具，可以根據用戶輸入的文字描述生成高品質的 44.1 kHz 立體聲音樂或音效。它與 Stable Diffusion 在圖像生成領域的地位相似，都是透過深度學習模型，將文字描述轉換成具體的創作。不過，Stable Diffusion 是將文字轉換為圖像，而 Stable Audio 則是將文字轉換為音樂。

Stable Audio 使用了一種潛在擴散聲音模型，該模型是透過來自 AudioSparx 的 80 萬個聲音檔訓練而成，涵蓋音樂、音效、各種樂器，以及相對應的文字描述等，總長超過 1.9 萬個小時。

Stable Audio 與 Stable Diffusion 一樣，都是用擴散的生成模型，Stability AI 指出，一般的聲音擴散模型通常是在較長聲音檔案中隨機裁剪的聲音區塊進行訓練，可能導致所生成的音樂缺乏頭尾，但 Stable Audio 架構同時用文字，以及聲音檔案的持續及開始時間，而讓該模型得以控制所生成聲音的內容與長度。

Stable Audio 允許用戶輸入多種描述，包括：

● 音樂風格：例如古典、爵士、搖滾、流行等

● 樂器：例如鋼琴、吉他、小提琴、鼓等

● 節奏：例如快板、慢板、四四拍、三三拍等

● 情緒：例如歡樂、悲傷、激動、平靜等

Stable Audio 還提供了一些預設的音樂庫描述，例如：

● 進步性迷幻音樂 (Progressive Trance)

● 振奮音樂 (Upbeat)

● 合成器流行音樂 (Synthpop)

● 史詩搖滾 (Epic Rock)

3-3-2　Stable Audio 的應用場景

Stable Audio 可以用於以下場景：

● 音樂創作：Stable Audio 可以幫助音樂創作者快速生成音樂素材，以作為創作靈感或參考。

● 音樂教育：Stable Audio 可以幫助音樂教育工作者向學生展示不同風格和流派的音樂。

● 音樂娛樂：Stable Audio 可以幫助用戶製作個性化的音樂或音效，用於遊戲、影片或其他娛樂目的。

Stable Audio 是一項具有潛力的技術，可以為音樂創作、教育和娛樂帶來新的可能性。

3-4 Stable Audio 網站

讀者可以用搜尋,或是下列網址,進入 Stable Audio 網站。

https://stability.ai/stable-audio 然後可以看到下列畫面。

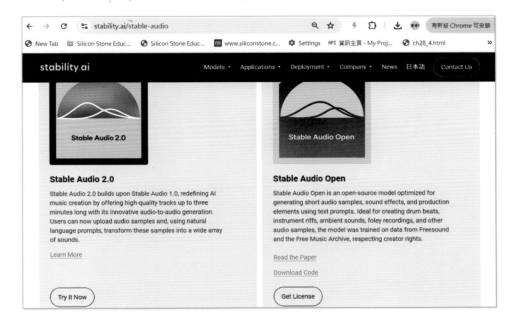

3-4-1 認識 Stable Audio 環境

進入 Stable Audio 視窗後,可以看到 2 個介面說明。

❏ **Stable Audio 2.0**

Stable Audio 2.0 建立在 Stable Audio 1.0 的基礎上,應用創新性的音頻轉音頻生成技術,重新定義了 AI 音樂創作,提供長達三分鐘的高品質曲目。同時使用者現在可以上傳音頻樣本,並透過自然語言提示,將這些樣本轉換成各種不同的聲音,這是本章的主要內容說明。

❏ **Stable Audio Open**

Stable Audio Open 是一個開源模型,專門優化用於透過文字提示生成短音頻樣本、音效和製作元素。它非常適合創作鼓點、樂器片段、環境音效、擬音錄音及其他音頻

樣本。該模型的訓練數據來自 Freesound 和 Free Music Archive，請尊重創作者的權利。

如果點選 Download Code 鈕，可以更進一步了解如何用程式碼設計音頻、音效和元素。

3-4-2　Stable Audio 2.0

點選 Try It Now 鈕後，可以進入下列畫面。

上述「Soulful ... 90 BPM」是示範的 Prompt，其中「Boom Bap」是嘻哈音樂中的一種風格，源自於 1980 年代末到 1990 年代初的東岸嘻哈。其名稱來自於特有的節拍聲音：重低音的「boom」和軍鼓的「bap」。這種風格以強烈的鼓點和簡單卻有力的節奏為特徵，通常帶有濃厚的街頭感和復古氛圍，並且常使用類似於 SP-1200 等硬體音樂製作設備來創作。

「SP-1200」是一款經典的鼓機與採樣器，由 E-mu Systems 公司於 1987 年推出。它在早期的嘻哈音樂製作中非常流行，尤其是在 Boom Bap 風格中。SP-1200 以其粗糙的音質和 12-bit 的採樣技術聞名，這種獨特的聲音質感賦予了嘻哈音樂中強烈的節奏感和復古風格。因為其限制性硬體所產生的音色變化，SP-1200 在嘻哈製作中成為了一個具有標誌性的工具。

「90 BPM」是指音樂的節奏速度，BPM 代表每分鐘的節拍數（Beats Per Minute）。在這裡，90 BPM 表示這首音樂每分鐘有 90 個節拍，屬於中速的節奏。這個速度常見

於嘻哈音樂，特別是 Boom Bap 風格，能夠營造出一種輕鬆但有力的節奏感，適合饒舌和律動。

讀者可以點選圖示 ▶，然後試播預設 Prompt 所生成的音樂。

3-4-3 Text-to-audio

文字轉音頻。往下捲動視窗，可以看到下列畫面：

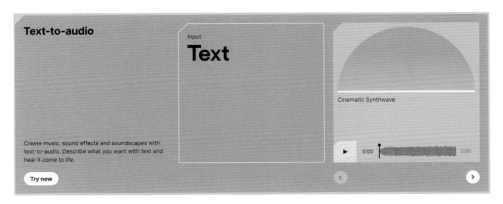

上述是使用文字轉音頻技術創作音樂、音效和音景。只需用文字描述你想要的內容，然後就可以播放 Stable Audio AI 呈現的結果。讀者可以點選 Try now 鈕進入創作環境。

3-4-4 Audio-to-audio

音頻轉音頻。往下捲動視窗，可以看到下列畫面：

在生成過程中加入音頻，搭配文字 Prompt 一起進行實驗，嘗試風格轉換並創造不同的變化版本。讀者可以點選 Try now 鈕進入創作環境。

3-4-5　Input vocals

人聲 (語音) 轉音頻，通常是指人類哼唱的聲音。往下捲動視窗，可以看到下列畫面：

讀者可以輕鬆將人聲哼唱轉換為音樂和音效。這是第一版的測試版。讀者可以點選 Try now 鈕進入創作環境。

3-4-6　註冊與登入

要使用本章所述的內容，請參考註冊鈕與登入鈕。如果曾經用過 Stable Audio，進入後可以看到建立音樂與音效畫面，同時可以看到過去的使用紀錄。

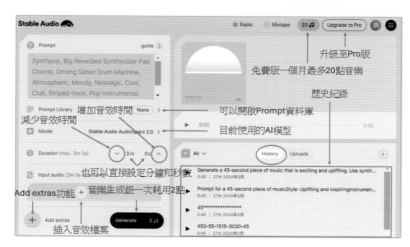

需留意，每個月最多 20 點音樂，使用預設的 Stable Audio AudioSparx 2.0 的 AI 模型時，但是每按一次 Generate 鈕，會用掉 2 點，相當於一個月只能建立 10 首音樂。如果改用舊的 1.0 版，一首音樂會扣 1 點。

3-4-7　Add extras – 控制音樂功能

點選 Add extras 【 + Add extras 】時，可以看到下方左圖畫面：

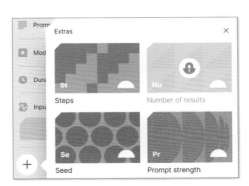 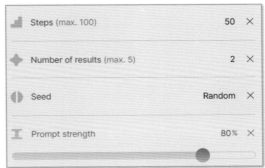

點選左圖選項，可以看到上方右圖。我們可以分成 4 方面控制生成的音樂。

❏ **Steps**

這是迭代數設定，預設是 50，最多可以設定 100，值越大可以獲得更精確的音效。

❏ **Number of results**

生成的音樂數量，這是專業版用戶才可以使用。免費版預設是 1 首，專業版預設是 2 首，最多是 5 首。

❏ **Seed**

種子值的設定，相同的 Prompt 與種子值，可以獲得極類似的結果。預設是使用 Random 隨機數。

❏ **Prompt strength**

提示詞的強度滑桿，預設是 80%，值越大效果越接近 Promp 提示詞。

3-4-8　Stable Audio 版本

Stable Audio 提供 4 種版本，分別是免費版、Pro、Studio 和 Max 版本。

Free	Pro	Studio	Max
免費	每月 11.99 美元	每月 29.99 美元	每月 89.99 元
每月最多 20 點	每月最多 500 點	每月最多 1300 點	每月最多 4500 點
曲目最長 3 分鐘	曲目最長 3 分鐘	曲目最長 3 分鐘	曲目最長 3 分鐘
每月上傳量 3 分鐘 每段音頻裁剪 30 秒	每月上傳量 30 分鐘 每段音頻裁剪 3 分鐘	每月上傳量 60 分鐘 每段音頻裁剪 3 分鐘	每月上傳量 90 分鐘 每段音頻裁剪 3 分鐘
個人版權	建立單位版權	建立單位版權	建立單位版權

3-5　了解 Stable Audio 音樂資料庫與專有名詞

3-5-1　音樂資料庫

如果點選 Prompt Library 右邊的圖示 Prompt Library　None ⊘ ，可以看到系列音樂資料庫，進步性迷幻音樂 (Progressive Trance)、振奮音樂 (Upbeat)、合成器流行音樂 (Synthpop)、史詩搖滾 (Epic Rock)、環境音樂 (Ambient)、溫暖音樂 (Warm)，讀者往下捲動可以看到更多音樂類型。例如：放鬆嘻哈 (Chillhop)、鼓獨奏 (Drum Solo)、Disco、現代音樂 (Modern)、平靜音樂 (Calm)、浩室音樂 (House，這是起源於 1980 年代美國芝加哥的音樂風格)、經典搖滾 (Class Rock)、迷幻嘻哈 (Trip Hop)、新世紀音樂 (New Age)、流行音樂 (Hop)、科技舞曲 (Techno)、讓我驚喜音樂 (Surprise me)。

讀者可以點選音樂庫，了解提示 (Prompt) 內容，例如：點選 Progressive Trance(進步性迷幻音樂)，將看到下列內容：

上述 Prompt 的中文意義是：迷幻音樂，伊維薩島，海灘，太陽，凌晨 4 點，進步的，合成器，909，戲劇性和弦，合唱團，狂喜的，懷舊的，動態的，流暢的。

3-5-2　音樂名詞說明

在前一小節音樂資料庫內有許多專有名詞，其說明如下：

❑　音樂名詞解釋 - Ibiza(伊維薩島)

在音樂領域，「伊維薩島（Ibiza）」通常與電子舞曲（EDM）文化密切相關。伊維薩是西班牙的一個島嶼，全球知名作為電子音樂和派對文化的中心之一。自 1980 年代以來，伊維薩就因其夜生活、世界級的夜店和夏季電子音樂節而聞名於世。

伊維薩島吸引了來自全球的 DJ 和音樂製作人，在這裡舉辦他們的表演和派對，從而推廣了浩室音樂（House）、Techno、Trance 等多種電子音樂風格。對於很多人來說，伊維薩不僅僅是一個地點，它象徵著自由、慶祝和音樂創新的精神。因此，當提到伊維薩島時，往往與電子舞曲的樂迷和節慶文化的熱情氛圍聯繫在一起。

❑　音樂名詞解釋 - Dynamic(動態的)

在音樂領域，「Dynamic（動態）」指的是音樂中聲音強度的變化，包括音量的變化和表達的強度。它是音樂表達中的一個重要元素，用來傳達情感、強調樂句或是創建音樂的張力和解決。

動態標記在樂譜中以特定的符號表示，從 pp（pianissimo，非常輕柔）到 ff（fortissimo，非常響亮）不等，涵蓋了從非常輕微到非常強烈的一系列音量級別。除了這些基本動態標記之外，還有如 crescendo（逐漸變強）和 decrescendo（逐漸變弱）這樣的漸變標記，它們指示音樂從一個動態級別平滑過渡到另一個級別。

動態不僅限於古典音樂。在爵士樂、搖滾樂、流行音樂和其他類型的音樂中，動態的變化同樣是表達情感和維持聽眾興趣的關鍵手段。它可以用來增加音樂的戲劇性，或是創造出放鬆和安靜的氛圍，使音樂作品更加豐富和有層次感。

❏ 音樂名詞解釋 - Flowing(流暢的)

在音樂領域，「Flowing(流暢的)」一詞通常用來形容音樂的流暢性、連貫性或是自然流動的感覺。這個詞描述了一種音樂表達方式，其中旋律、節奏和和聲似乎無縫地串聯在一起，創造出一種持續不斷且平滑的聽覺體驗。在不同音樂風格中，「Flowing」可以有不同的體現：

● 在古典音樂中：它可能指某一段旋律的平滑過渡和展開，讓聽者感到一種流動的美感。

● 在爵士樂或即興音樂中：「Flowing」可以指演奏者如何流暢地導航音樂結構，創造出自然而又連續的音樂線條。

● 在電子音樂或環境音樂中：它通常指音樂的氛圍如何平滑地維持和轉變，給聽者帶來沉浸式的聽覺體驗。

總的來說，「Flowing」強調的是音樂如何以流暢、自然的方式流動，給聽者帶來和諧與美的感受。這種特質在各種音樂作品中都非常受到重視，因為它有助於維持音樂的凝聚力和表達力。

3-6 文字 Prompt 描述心情生成音樂

一般讀者可能和筆者一樣是非音樂專業，建議應用 Stable Audio 生成音樂時，用最簡單的方式，從 Prompt 描述心情開始，這一節將分別說明原理和實作。

3-6-1 音樂表達心情故事

使用 Stable Audio 生成心情音樂時，可以用不同的情感或氛圍來創作音樂。以下是一些常見的心情和情感類型：

❏ 愉快（Joyful）

用於生成充滿活力和歡快情緒的音樂，適合慶祝或歡樂場景。

- Prompt 實例 1：「Create a lively and upbeat melody with acoustic guitar and clapping sounds.」（創作一段充滿活力且輕快的旋律，使用原聲吉他和拍手聲。）

- Prompt 實例 2：「Generate a cheerful, energetic tune with a fast tempo, perfect for a summer day.」（生成一段節奏快速的歡快曲調，適合夏日的氛圍。）

- Prompt 實例 3：「Compose a playful, fun track with happy bells and light piano.」（編寫一段充滿玩趣和快樂的音樂，使用愉快的鈴聲和輕快的鋼琴。）

上述描述愉快的 Prompt，皆有註明所使用的樂器，例如：實例 1 是吉他、實例 3 是鋼琴，讀者不熟悉時也可以省略樂器。以下內容觀念一樣，另外本節所有的 Prompt，皆可以在 ch3.txt 檔案內看到，讀者可以省略輸入的時間。

註　Stable Audio 也可以接受中文輸入生成音樂，不過用英文輸入可以獲得更好的音樂，細節可以參考 3-6-3 節。

❑ 平靜（Calm）

創作柔和、放鬆的背景音樂，適合冥想、放鬆或舒壓。

- Prompt 實例 1：「Create a soothing ambient soundscape with soft synths and gentle waves.」（創作一段舒緩的環境音景，使用柔和的合成器和輕柔的海浪聲。）

- Prompt 實例 2：「Generate a peaceful acoustic guitar melody, slow and relaxing.」（生成一段平靜的原聲吉他旋律，緩慢且放鬆。）

- Prompt 實例 3：「Compose a tranquil piano tune with subtle background strings for a meditative mood.」（編寫一段安靜的鋼琴旋律，並加入輕柔的背景弦樂，營造冥想的氛圍。）

❑ 悲傷（Sad）

生成情感深沉、緩慢的旋律，用於表達內心的痛苦或失落感。

- Prompt 實例 1：「Create a slow, melancholic piano melody that evokes a sense of loss.」（創作一段緩慢且憂傷的鋼琴旋律，喚起失落感。）

- Prompt 實例 2：「Generate a gentle violin and cello piece that feels sorrowful and reflective.」（生成一段溫柔的小提琴和大提琴樂曲，感覺悲傷且富有反思。）

- Prompt 實例 3：「Compose a mournful acoustic guitar track with minimal background ambiance.」（編寫一段哀傷的原聲吉他音樂，背景氣氛簡約。）

❑ 興奮（Excited）

高能量的節奏和快速旋律，適合慶祝、運動或鼓舞人心的場景。

- Prompt 實例 1：「Create a fast-paced electronic beat that feels upbeat and exhilarating.」（創作一段快速節奏的電子音樂，感覺充滿活力和振奮人心。）
- Prompt 實例 2：「Generate a high-energy drum and bass track, perfect for a party.」（生成一段充滿能量的鼓與貝斯音樂，適合派對場合。）
- Prompt 實例 3：「Compose an exciting rock instrumental with fast guitar riffs and powerful drums.」（編寫一段令人興奮的搖滾樂器曲，使用快速的吉他和強勁的鼓聲。）

❑ 神秘（Mysterious）

帶有懸疑感的音樂，適合用於驚悚、冒險或未知的情境。

- Prompt 實例 1：「Create a dark, atmospheric track with haunting synths and low bass.」（創作一段黑暗的氛圍音樂，使用陰森的合成器和低沉的貝斯。）
- Prompt 實例 2：「Generate a suspenseful, slow-building tune with eerie sound effects.」（生成一段充滿懸疑的緩慢曲調，帶有詭異的音效。）
- Prompt 實例 3：「Compose a mysterious orchestral piece with slow strings and distant whispers.」（編寫一段神秘的管弦樂，使用緩慢的弦樂和遙遠的耳語聲。）

❑ 浪漫（Romantic）

充滿溫暖、愛意的旋律，適合浪漫場景或情感表達。

- Prompt 實例 1：「Create a soft, romantic piano ballad with gentle strings in the background.」（創作一段柔和且浪漫的鋼琴抒情曲，背景加入輕柔的弦樂。）
- Prompt 實例 2：「Generate a tender acoustic guitar melody, perfect for a quiet evening.」（生成一段溫柔的原聲吉他旋律，適合安靜的夜晚。）

- Prompt 實例 3：「Compose a warm, slow-paced track with soft vocals and smooth instrumentation.」（編寫一段溫暖且節奏緩慢的音樂，搭配輕柔的人聲和順滑的伴奏。）

❑ 憂鬱（Melancholy）

輕柔而帶有一絲傷感的音樂，用於表達孤獨、失望或反思的情感。

- Prompt 實例 1：「Create a gentle, slow piano melody that feels introspective and bittersweet.」（創作一段溫柔且緩慢的鋼琴旋律，帶有內省和淡淡的苦澀感。）
- Prompt 實例 2：「Generate a quiet, melancholic guitar tune with a reflective mood.」（生成一段安靜且憂鬱的吉他旋律，帶有反思的情緒。）
- Prompt 實例 3：「Compose a somber violin and cello duet that evokes a sense of longing.」（編寫一段沉重的小提琴和大提琴二重奏，喚起渴望的情感。）

❑ 激情（Passionate）

旋律激烈、富有感情，適合展現強烈的情感或決心。

- Prompt 實例 1：「Create an intense orchestral piece with powerful strings and dramatic drums.」（創作一段強烈的管弦樂，使用有力的弦樂和戲劇性的鼓聲。）
- Prompt 實例 2：「Generate a fiery flamenco guitar tune with fast rhythms and deep emotion.」（生成一段充滿激情的弗拉門戈吉他曲，節奏快速且情感豐富。）
- Prompt 實例 3：「Compose a passionate rock ballad with soaring electric guitar solos.」（編寫一段充滿激情的搖滾抒情曲，加入高亢的電吉他獨奏。）

❑ 活力（Energetic）

節奏快速且充滿動感的音樂，適合運動、派對或活力四射的場景。

- Prompt 實例 1：「Create a fast-tempo, high-energy EDM track with a driving beat and synths.」（創作一段快速且充滿能量的電子舞曲，帶有強烈的節拍和合成器音效。）
- Prompt 實例 2：「Generate a lively jazz piece with upbeat saxophone and brass.」（生成一段充滿活力的爵士樂，搭配輕快的薩克斯風和銅管樂器。）

- Prompt 實例 3：「Compose an energetic pop song with catchy melodies and strong rhythms.」（編寫一段充滿活力的流行歌曲，帶有抓耳的旋律和強勁的節奏。）

❑ 緊張（Tense）

音樂節奏緊湊，帶有壓迫感，適合驚悚或緊張的情節。

- Prompt 實例 1：「Create a suspenseful electronic track with pulsing bass and tense atmospheres.」（創作一段懸疑的電子音樂，帶有跳動的貝斯和緊張的氛圍。）
- Prompt 實例 2：「Generate a slow, building orchestral piece with ominous strings and drums.」（生成一段緩慢且逐步推進的管弦樂，帶有不祥的弦樂和鼓聲。）
- Prompt 實例 3：「Compose a tense, heartbeat-like soundscape with minimalistic, eerie sounds.」（編寫一段緊張的音景，帶有心跳般的節奏和簡約的詭異音效。）

❑ 懷舊（Nostalgic）

帶有懷舊感和柔和旋律，喚起對過去的回憶和感情。

- Prompt 實例 1：「Create a gentle, retro-style piano tune that evokes memories of the past.」（創作一段柔和的復古風格鋼琴曲，喚起對過去的回憶。）
- Prompt 實例 2：「Generate a nostalgic acoustic guitar melody with a warm, vintage feel.」（生成一段懷舊的原聲吉他旋律，帶有溫暖的復古感。）
- Prompt 實例 3：「Compose an old-school jazz track with soft brass and a sentimental mood.」（編寫一段老派爵士樂，搭配柔和的銅管樂器和感傷的情緒。）

❑ 恐懼（Fearful）

充滿不安和恐懼感的音樂，適合驚悚或恐怖場景。

- Prompt 實例 1：「Create a terrifying horror soundtrack with dissonant strings and eerie whispers.」（創作一段可怕的恐怖配樂，使用不和諧的弦樂和詭異的耳語聲。）

- Prompt 實例 2：「Generate a dark ambient track with unsettling synths and distant screams.」（生成一段黑暗的環境音樂，帶有令人不安的合成器和遙遠的尖叫聲。）
- Prompt 實例 3：「Compose a haunting piano piece with slow, disjointed melodies.」（編寫一段令人毛骨悚然的鋼琴曲，使用緩慢且不連貫的旋律。）

❑ 希望（Hopeful）

給人積極向上、充滿希望的感覺，適合鼓舞人心的場景。

- Prompt 實例 1：「Create an uplifting orchestral piece with bright strings and a positive melody.」（創作一段令人振奮的管弦樂，使用明亮的弦樂和積極的旋律。）
- Prompt 實例 2：「Generate a hopeful piano tune that gradually builds to a joyful crescendo.」（生成一段充滿希望的鋼琴旋律，逐漸推向歡快的高潮。）
- Prompt 實例 3：「Compose an inspiring guitar and piano duet with an optimistic feel.」（編寫一段具有激勵人心的吉他和鋼琴二重奏，帶有樂觀的感覺。）

❑ 英勇（Heroic）

壯麗而雄偉的音樂，適合英雄主義或勝利的時刻。

- Prompt 實例 1：「Create a grand, triumphant orchestral theme with brass and powerful drums.」（創作一段宏大的勝利主題，使用銅管和強勁的鼓聲。）
- Prompt 實例 2：「Generate a bold, adventurous track with strong percussion and soaring strings.」（生成一段大膽且充滿冒險感的音樂，帶有強烈的打擊樂和高亢的弦樂。）
- Prompt 實例 3：「Compose a heroic cinematic score with deep bass and uplifting melodies.」（編寫一段英雄主義的電影配樂，使用深沉的貝斯和振奮人心的旋律。）

❑ 焦慮（Anxious）

生成快速不安的旋律，用於表達焦慮或壓力的場景。

- Prompt 實例 1：「Create a jittery, fast-paced electronic track with a tense atmosphere.」（創作一段緊張且快速的電子音樂，帶有不安的氛圍。）

- Prompt 實例 2：「Generate a minimalistic, anxious piano melody with irregular rhythms.」（生成一段簡約且焦慮的鋼琴旋律，節奏不規則。）

- Prompt 實例 3：「Compose an unsettling, repetitive soundscape with sharp, high-pitched sounds.」（編寫一段令人不安的重複音景，帶有尖銳的高音。）

3-6-2　英文字串生成音樂實作

請參考 3-4-3 節進入 Text-to-audio 環境，然後輸入 Prompt：「Create a lively and upbeat melody with acoustic guitar and clapping sounds.」（創作一段充滿活力且輕快的旋律，使用原聲吉他和拍手聲。）

上述按 Generate 鈕後，可以得到下列結果。

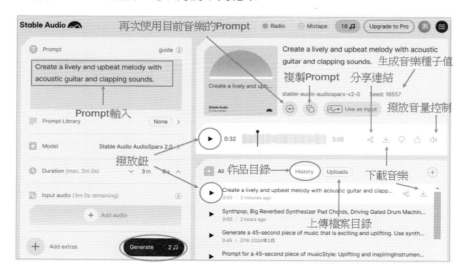

Stable Audio 的音樂生成效果非常出色！透過簡單的文字提示，它完美創作出了一段充滿活力的輕快旋律，結合了原聲吉他與拍手聲，整體音樂生動而富有節奏感，完全符合我的期待。這種高效且準確的音樂創作工具，讓人能輕鬆實現專業級的音樂製作，非常值得推薦！

上述點選圖示 ↓，可以看到下列畫面：

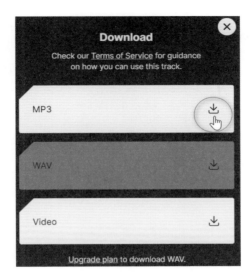

　　基本上可以用 MP3 與 Video 方式下載音樂檔案，如果要用 WAV 格式下載需要購買 Pro 以上版本，本書 ch3 資料夾的 joyful.mp3 是上述下載的 MP3 檔案，播放畫面可以參考下方左圖。joyful_video.mp4 是上述下載的 Video 檔案，播放畫面可以參考下方右圖。

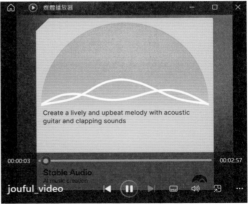

3-6-3　中文字串生成音樂實作

　　請參考 3-4-3 節進入 Text-to-audio 環境，然後輸入下列 Prompt：

　　「創作一段充滿活力且輕快的旋律，使用原聲吉他和拍手聲。」

上述按 Generate 鈕後，可以得到下列結果。

很明顯音樂效果不如前一節，本書 ch3 資料夾的 joyful_chinese.mp3 是上述下載的 MP3 檔案。

3-6-4　ChatGPT 輔助英文題詞

經過測試，英文題詞還是比較適合。如果無法掌握完美的英文，建議讀者可以用中文描述心情文字，讓 ChatGPT 協助你將中文翻譯成英文。

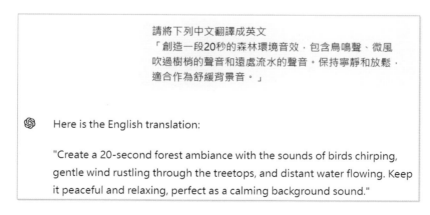

甚至也可以請 ChatGPT 給你建議描述的內容。

3-7 專業文字 Prompt 生成音樂

讀者在逐步熟悉使用 Prompt 生成音樂後，可以運用基礎音樂知識，更精確地描述 Prompt，從而使生成的 3 分鐘音樂更加完整且具結構性。

3-7-1 認識音樂的節拍

音樂的節拍是指樂曲中每小節的基本單位，決定了音樂的節奏感和律動。本小節將介紹常見的節拍類型，四四拍與三三拍：

❑ 4/4 拍（四四拍）

四四拍以其規律性、穩定性和多變性，適合各種音樂風格和場景，從流行歌曲到搖滾、舞曲、藍調等都有廣泛應用。這種拍子結構簡單易懂，無論是音樂創作者、演奏者還是聽眾，都能輕鬆掌握並享受其中的節奏感。以下是四四拍的特點：

- 拍子的結構
  - 四四拍是一種非常規則的節拍，每小節有 4 拍，通常記為「4/4」。
  - 每一拍通常使用四分音符來表示，因此也稱為「普通拍子」或「常規拍子」。
  - 四四拍的強弱規律通常是「強 - 弱 - 次強 - 弱」，即每小節的第一拍較強，第三拍次強，第二和第四拍較弱。
- 節奏感清晰
  - 由於四拍的規則性，節奏感非常清晰、穩定，容易跟隨和理解。
  - 適合舞蹈、流行歌曲和許多現代音樂的律動需求，能夠保持音樂的穩定性和流暢性。
- 節拍的多變性
  - 雖然四四拍本身結構規律，但可以透過不同的節奏組合創造出多樣的音樂風格。
  - 不論是輕快的流行歌曲、重節奏的搖滾樂，還是緩慢的抒情曲，四四拍都可以靈活運用。
- 簡單易學
  - 四四拍的規律性讓它成為音樂學習者最先接觸的拍子類型之一，無論是在學習樂器或是唱歌時都非常容易掌握。

■ 演奏者和聽眾都能輕鬆感知節奏的變化，適合大多數人跟隨節奏。

四四拍的應用場景：

- 流行音樂：大多數流行音樂採用四四拍，這是因為它的節奏穩定，便於歌手在歌曲中演唱，也讓聽眾容易跟隨節拍。流行音樂中，四四拍可以帶來輕鬆愉快的氛圍，也可以表達強烈的情感。

- 搖滾音樂：四四拍在搖滾音樂中非常普遍。搖滾樂通常利用強拍和強節奏來營造強烈的律動感，四四拍結構能很好地支持搖滾樂的節奏和吉他、鼓等樂器的交互作用。

- 舞曲和電子音樂：四四拍常見於電子舞曲（EDM）和其他舞蹈音樂中，因為它的節奏穩定、強勁，適合製造容易讓人跟隨的舞蹈節奏。這類音樂通常會強調每一拍的重點，讓舞者能更容易把握舞步。

- 藍調和爵士音樂：藍調和爵士音樂也常用四四拍，但節奏會有更多的變化和即興。儘管這些風格可以使用複雜的節奏，但四四拍提供了一個穩定的基礎，使演奏者可以在其中進行即興演奏。

- 民謠和鄉村音樂：四四拍也是民謠和鄉村音樂中的常見拍子，這些音樂風格的簡單節奏使聽眾能夠輕鬆跟隨，且歌詞和旋律也容易記住，適合講述故事或傳遞情感。

- 電影和電視配樂：四四拍的規則性也讓它常被用於電影或電視劇的配樂中，尤其是在需要穩定、輕鬆的背景音樂時。它可以創造出一致的音樂基調，不會干擾畫面的情緒表達。

❑ 三三拍（3/4 拍）

三三拍以其輕盈、流暢的節奏感而聞名，特別適合表達優雅、浪漫、感傷等情感。它的旋轉感和流動性使其在圓舞曲、古典音樂、舞蹈音樂以及抒情歌曲中有廣泛應用。三三拍能夠為音樂創造出柔美的韻律，營造出豐富的情感氛圍，使其成為許多情感音樂表現的重要節拍形式。以下是三三拍的特點：

- 拍子的結構

  ■ 三三拍（3/4 拍）是每小節有 3 拍的節拍，通常記為「3/4」。這種拍子結構特別適合表現流動感和旋轉感。

- 三拍中的第一拍是強拍，第二、第三拍是弱拍，強調「強 - 弱 - 弱」的節奏模式。這使得三三拍的節奏具有一種輕盈且有韻律的感覺，像是隨著旋律的擺動。

● 圓滑流動的感覺

- 三三拍的節奏感比四四拍更具旋轉性，音樂常常給人一種圓滑、優雅的流動感。這種拍子非常適合表現柔和、流暢的情感。
- 三拍的強弱分佈，使得音樂具有一種向前推動的感覺，營造出一種自然的擺動韻律。

● 節奏適中

- 三三拍的節奏通常不會過快，適合中等或緩慢的速度，這有助於傳達一種優雅、舒緩或感性的情感。在較慢的情況下，三三拍更容易表達浪漫或感傷的情感。

● 易於舞蹈

- 三三拍的節奏特性特別適合舞蹈，尤其是圓舞曲（Waltz），這種舞蹈的旋轉和步伐與三三拍的節奏完全契合，使音樂與舞者之間形成和諧的律動。

三三拍的應用場景：

● 圓舞曲（Waltz）

- 三三拍最著名的應用就是圓舞曲，這是一種經典的舞蹈音樂形式。圓舞曲依賴於三三拍的節奏，舞者隨著音樂進行圓形旋轉。這種舞蹈音樂往往帶有浪漫和優雅的氛圍。
- 實例：約翰·史特勞斯的《藍色多瑙河圓舞曲》。

● 古典音樂

- 許多古典音樂作品都使用三三拍來傳達感性、優雅或浪漫的情感。作曲家常利用三三拍的節奏來創造流暢的旋律線條，並強調音樂的表現力。
- 實例：蕭邦的《圓舞曲》、柴可夫斯基的《胡桃夾子》中的一些舞曲。

● 芭蕾與舞劇

- 芭蕾舞中的許多樂章也常使用三三拍來表現舞者的優雅動作，特別是在需要展示旋轉、輕盈的段落中。這種拍子有助於舞者隨音樂自然擺動，展示柔美的舞步。

- 民謠與鄉村音樂
  - 一些民謠或鄉村音樂也會採用三三拍，這種拍子能帶來一種溫馨、樸實的情感表達，適合講述故事或表達深情。
  - 實例：傳統歐洲民謠或一些鄉村舞曲。
- 抒情歌曲
  - 三三拍也常見於抒情歌曲中，特別是那些講述愛情、離別或內心情感的曲目。這種拍子能夠營造出浪漫或感傷的氛圍。
  - 實例：一些經典的情歌和慢板曲目。
- 教堂音樂與頌歌
  - 在一些宗教音樂和頌歌中，三三拍也能表現出莊重和神聖的感覺，適合用於敬拜和儀式音樂中。

除了以上常見的節拍之外，還可以看見下列節拍。

❑ **2/4 拍（二四拍）**

- 每小節有 2 拍，通常用於進行曲和一些舞蹈音樂。
- 節奏簡單，強弱分明，適合步伐一致的音樂。
- 實例：軍樂、進行曲、探戈。

❑ **自由拍（Free Time）**

- 沒有固定的拍子，音樂依照演奏者的情感自由流動。
- 常見於現代音樂和即興演奏。
- 實例：部分現代爵士、實驗音樂。

　　這些節拍類型給予音樂不同的節奏和感覺，使得音樂更加豐富多樣。節拍的選擇通常會根據曲目的風格和情感來決定。當然，還有一些節拍不在本書討論範圍，讀者可以參考相關樂理書籍。

3-7-2　Prompt 生成單一風格音樂

　　Stable Audio 可以根據用戶輸入的文字描述生成音樂，因此描述盡可能具體時，模型能夠生成符合用戶預期的音樂。例如：可以指定音樂的風格、樂器、節奏、情緒等。

以下是一個具體的描述的實例：

Prompt：「情感交響 - 戲劇性的激昂交響曲」，「Compose a 3-minute emotional and cinematic orchestral piece in 3/4 time, with dramatic strings, powerful brass, and soft piano, building up to an intense and moving climax.」（編寫一段 3 分鐘的情感豐富且具有電影感的管弦樂作品，使用三三拍（3/4 拍）的節拍，帶有戲劇性的弦樂、強勁的銅管和柔和的鋼琴，逐漸推向激烈而感人的高潮。）

Stable Audio 在音樂生成上的表現令人驚艷！使用簡單的文字描述，就能精確地創作出 3 分鐘充滿情感和電影感的管弦樂曲。音樂中的戲劇性弦樂、強勁銅管與柔和鋼琴的結合完美無瑕，並成功帶來了預期中的激烈高潮，展現了其卓越的 AI 創作能力。上述結果分別儲存在 symphony.mp3 和 symphony_video.mp4。

下列是其他實例，讀者可以自行測試。

Prompt：「動感節拍 - 派對與健身的活力音浪」，「Generate a 3-minute upbeat and energetic electronic dance track in 4/4 time, with a strong bassline, driving percussion, and catchy melodies, perfect for a workout or party.」（生成一段 3 分鐘的輕快且充滿活力的電子舞曲，使用四四拍（4/4 拍）的節拍，帶有強烈的低音線、強勁的打擊樂和抓耳的旋律，適合健身或派對使用。）

Prompt：「靜謐之境 - 柔和冥想之聲」，「Create a 3-minute calm and peaceful ambient soundscape in 4/4 time, with soft synth pads, light piano, and gentle nature sounds, perfect for relaxation or meditation.」(創造一段 3 分鐘的平靜且安寧的環境音景，使用四四拍（4/4 拍）的節拍，柔和的合成器音墊、輕柔的鋼琴和自然聲音，節奏緩慢，非常適合放鬆或冥想。)

3-7-3　Prompt 生成多類風格音樂

Stable Audio 支持多種描述，因此可以嘗試使用多種描述來生成不同的音樂效果。例如：可以指定不同的音樂風格、樂器、節奏、情緒等。以下是一個使用多種描述的實例：

Prompt：「平滑轉變 - 靈魂爵士與放克節奏的融合」，「Compose a 3-minute track that opens with a soulful jazz-inspired melody using saxophone and piano, then evolves into a funky, upbeat groove with electric bass and punchy drums, blending smooth jazz elements with modern funk rhythms.」(編寫一段 3 分鐘的曲目，從靈魂爵士旋律開始，使用薩克斯風和鋼琴，隨後發展為充滿活力的放克節奏，結合電子貝斯與強勁的鼓點，將平滑的爵士元素與現代放克律動融合在一起。)

上述 Prompt 的結構設計，展示了不同風格的平滑過渡，從爵士到放克節奏。每一段音樂都呈現出鮮明的風格差異，並在過渡中達成和諧。

這段音樂完美捕捉了靈魂爵士的溫柔氛圍，並自然過渡到充滿活力的放克節奏。薩克斯風和鋼琴的開場柔和動人，而電子貝斯和鼓點則為音樂注入了現代感和節奏感。Stable Audio 的創作能力讓人能輕鬆實現多風格音樂的融合，非常值得稱讚！上述結果分別儲存在 jaze_funk.mp3 和 jaze_funk_video.mp4。

下列是其他實例，讀者可以自行測試。

Prompt：「從寧靜到脈動 - 自然與電子能量的交匯」，「Create a 3-minute piece that begins with a soothing, ambient soundscape featuring nature sounds and soft pads, gradually building into an uplifting electronic section with vibrant synths and rhythmic percussion, offering a seamless transition from calm to energetic.」(創作一段 3 分鐘的曲目，從舒緩的環境音景開始，包含自然聲音與柔和的音墊，逐漸過渡到充滿活力的電子樂，搭配充滿節奏感的合成器與打擊樂，實現從寧靜到充沛能量的平滑轉變。)

上述 Prompt 的結構設計，同樣展示了不同風格的平滑過渡，從環境音樂到電子音樂，每一段音樂都呈現出鮮明的風格差異，並在過渡中達成和諧。

Prompt：「和諧中的對比 - 從古典優雅到電子活力」，「Compose a 3-minute track that starts with a calm and elegant classical arrangement featuring soft piano and strings, then transitions into an energetic and modern electronic section with driving synths and strong beats, blending two contrasting styles into one dynamic piece.」(編寫一段 3 分鐘的曲目，前半段以柔和的鋼琴和弦樂展現古典的優雅與寧靜，後半段逐漸轉換為充滿動感的現代電子樂，帶有強勁的合成器與節奏，將兩種對比風格融合為一個動態的作品。)

上述 Prompt 的結構設計，能夠讓兩種不同的音樂風格在同一曲目中共存並且自然過渡，既保留了古典的優雅，又呈現了電子音樂的現代動感，為聽眾帶來豐富的聽覺體驗。

3-7-4　建立「AI Server 發表會」音樂

這一節是一個專為發表全球最先進的 AI Server 設計的發表會 Prompt，旨在營造一種震撼且充滿未來感的氛圍，讓全球注意到 AI 革命的來臨。

Prompt：「AI 黎明 - 邁向未來的勇敢一躍」，「Compose a 3-minute epic and futuristic soundtrack to announce the launch of the world's most advanced AI server.

The track should start with a bold and powerful orchestral introduction, followed by intense electronic beats and dynamic synths, building to an awe-inspiring climax that signals the dawn of a new AI revolution.」(編寫一段 3 分鐘的史詩級未來感配樂，宣告全球最先進的 AI 伺服器的發佈。音樂應從大氣磅礴的管弦樂序曲開始，隨後加入強烈的電子節拍和動感的合成器，推向令人驚嘆的高潮，象徵 AI 革命的黎明。)

　　這個 Prompt 設計，期待可以透過強烈的管弦樂與現代電子元素的融合，生成音樂，讓人感受到技術突破與未來的力量，傳達 AI 時代來臨的震撼訊息，吸引全球的目光。

　　Stable Audio 再次展現其強大的音樂創作能力！這段音樂從氣勢磅礴的管弦樂開場，完美捕捉到發表會的震撼力，隨後加入強烈的電子節拍和動感合成器，將氣氛推向高潮，象徵著 AI 革命的來臨。整體音樂效果宏大、前衛，完全超越了預期，讓整個發表會更具震撼力和未來感。執行結果分別儲存在 ai_revolution.mp3 和 ai_revolution_video.mp4。

3-8　Stable Audio 建立音效檔案

　　前面幾個小節我們使用 Stable Audio 建立音樂檔案，其實也可以如同第一章所述內容，應用 Stable Audio 建立一般音效檔案。

　　Prompt：「雷雨寧靜 - 遠處雷聲與雨滴之聲」，「Generate the sound of a powerful thunderstorm, accompanied by distant thunder, strong winds, and the sound of raindrops hitting the window.」(生成強烈雷雨的聲音,伴隨遠處的雷聲、強風以及雨滴打在窗戶上的聲音。)

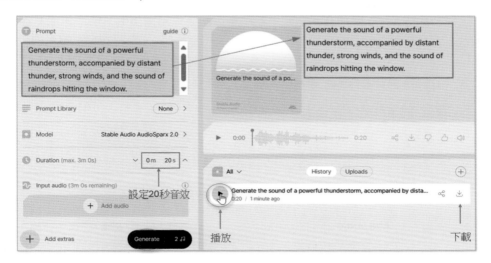

上述生成的雷雨音效完美再現了強烈的風雨聲、遠處的雷聲,以及雨滴敲打窗戶的聲音,營造出逼真的自然氛圍。每個細節都表現得非常細膩且真實,讓人彷彿置身於暴風雨中。AI 的創作能力讓這樣的聲音生成毫不費力,效果超乎預期!這個執行結果儲存至 thunderstorm.mp3 和 thunderstorm_video.mp4。

3-9　音頻生成音頻 Audio-to-audio

Stable Audio 的 Audio-to-audio 功能是一項創新的音樂生成技術,允許使用者上傳音頻樣本,然後利用 AI 來對這些音頻進行風格轉換或進一步創作。這個功能能夠根據用戶提供的原始音頻素材,並用自然語言提示來生成不同風格、節奏或情感的變化版本。主要功能特點包括:

● 風格轉換:用戶可以將音頻樣本轉換成不同風格的音樂,例如將一段鋼琴旋律轉換為電子風格或管弦樂風格。

● 音頻擴展:可以從現有的音頻樣本中擴展出更長或更複雜的版本,保持原有音樂的風格與結構。

● 自定義變化:透過 Prompt 提示,使用者可以指定特定的效果或變化,生成具有不同感覺的音樂版本,如更快的節奏、更濃厚的情感或不同的音樂結構。

這項技術讓音樂製作變得更加靈活和創新，使用者可以輕鬆地從現有素材中探索多種音樂變化，達到專業的音樂創作效果。

註　儘管 Stable Audio 號稱有此功能，但是應用起來常常會失敗，所以本節將從官方文件的測試音效檔案說起。

3-9-1　開啟 Audio-to-audio 官方文件

Stable Audio 視窗右下區塊的音樂列表區塊如下：

請參考上圖點選圖示 ⊕，可以看到下列 Add audio 對話方塊。

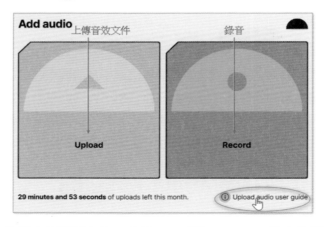

這是上傳音效檔案的對話方塊，我們可以點選 Upload 上傳音效檔案，也可以點選 Record 錄製音效檔案。如果點選 Upload audio user guide 超連結，可以開啟官方文件使用者手冊。適度捲動視窗可以看到下列畫面：

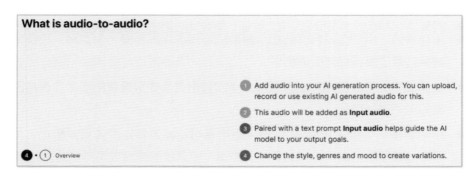

上述說明如下：

1. 將音頻添加到您的 AI 生成過程中。您可以上傳、錄製或使用現有的 AI 生成音頻。

2. 此音頻將作為輸入音頻添加。

3. 搭配文字提示，輸入音頻有助於引導 AI 模型達成您的輸出目標。

4. 改變風格、類型和情緒來創建不同的變化版本。

繼續往下捲動，可以看到下列畫面：

上述點選可以到 YouTube 平台觀看功能說明，請往下捲動。

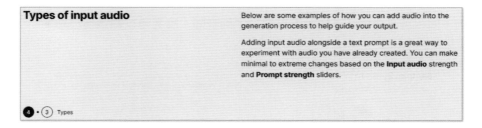

上述說明如下：

● 以下是一些如何在生成過程中添加音頻來幫助引導輸出的實例。

● 將輸入音頻與文字提示詞一起添加，是嘗試使用您已創建的音頻的好方法。您可以根據輸入音頻強度和提示強度滑桿，進行從細微到極端的調整。

請往下捲動視窗。

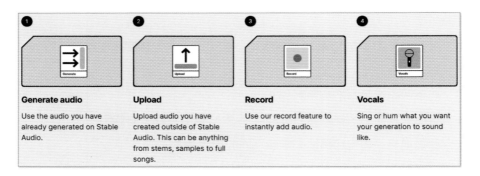

上述是說明應用 Audio-to-audio 時，原始的音頻來源可以如下：

● Generate audio：使用您在 Stable Audio 上已生成的音頻。

● Upload：上傳您在 Stable Audio 之外創作的音頻，這可以是任何音軌、樣本或完整的歌曲。

● Record：使用 Stable Audio 的錄音功能，即時添加音頻。

● Vocals：唱或哼出您希望生成音樂的聲音。

3-9-2 Audio-to-audio 的原始與測試輸出檔案

前一節視窗，繼續往下捲動可以看到下列畫面，讀者可以點選播放鈕 ▶，了解此功能。

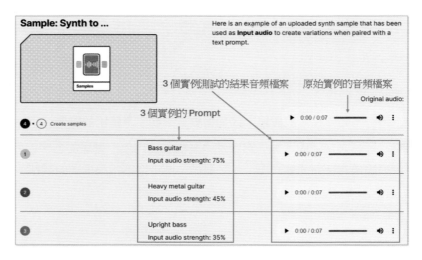

　　以上是一個上傳的合成器樣本音頻檔案，該樣本作為輸入音頻與不同文字提示 Prompt 配對使用，創造出不同的變化版本。由於 Audio-to-audio 是一件複雜的 AI 工程，所以官方測試所用的文件是 7 秒。讀者可以點選圖示 ⋮，下載官方測試檔案 input.mp3(本書不提供此檔案)，如下：

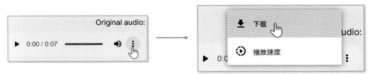

　　往下捲動視窗可以看到鋼琴音軌作為輸入音頻的實例。在每個測試輸出中，相同的鋼琴音軌被修改為不同的樂器，用作伴奏並展示了不同風格的變化。

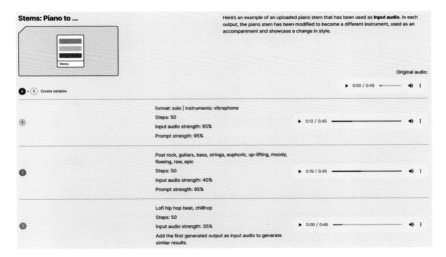

3-9-3　實作 Audio-to-audio

　　目前 Stable Audio 的 Audio-to-audio 功能，可以處理 MP3、MP4、WAV 與 AIFF 格式的音頻檔案。這一節會實作將上一小節下載的 input.mp3 音樂轉成 Bass guitar 音樂。在 Stable Audio 創建音效環境，可以看到 Add Audio 鈕 (在 Generate 鈕上方)。

　　請點選 Add audio 鈕，第一次執行會有下列過程，讀者會看到下列左到右的畫面，未來則可以直接上傳檔案。

 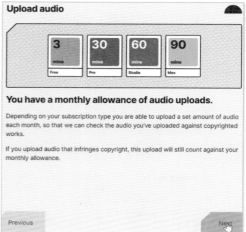

　　上方左圖主要是描述，我們可以用上傳的音頻產生新的音頻，請按 Next 鈕。上方右圖是告知不同版本每個月可以上傳音頻的長度，免費版本是 3 分鐘，請按 Next 鈕。

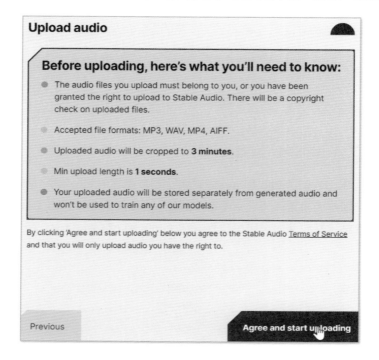

　　上述主要是告知，可以下載的檔案類型、上傳的檔案至少需有 1 秒鐘。上傳的檔案會被分別儲存。請按 Agree and start uploading 鈕。

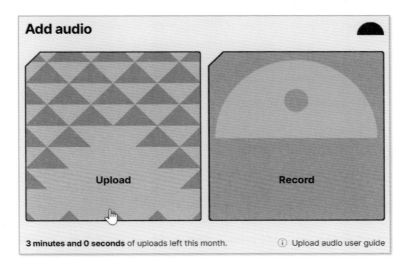

　　請點選 Upload 鈕，然後上傳的 input.mp3。上傳期間可以看到下列畫面：

　　上傳完成後，我們上傳的音樂檔案會在 Uploads 標籤環境。

　　然後我們需點選此上傳檔案 input.mp3 右邊的 Use as input 圖示，將此檔案當作輸入音頻檔案。此時 input.mp3 會先出現在視窗右上方，接著請在 Prompt 區塊輸入 Prompt。

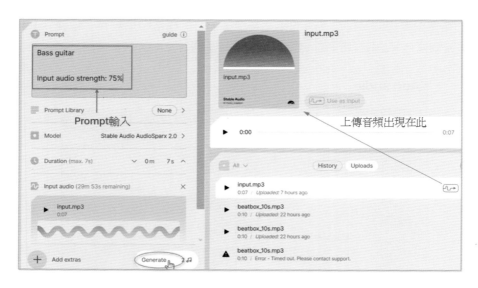

請在 Prompt 區輸入：「Bass guitar Input audio strength:75%」，這個 Prompt 意義如下：

Bass guitar: 貝斯吉他

Input audio strength: 75%: 輸入音訊強度

然後按 Generate 鈕，就可以了，可能是需耗用大量 AI 資源處理，即使用官方檔案也不一定可以成功。

3-9-4　錄製聲音

3-9-1 節筆者有介紹錄音 (Record) 功能，點選此功能後，可以看到下列畫面：

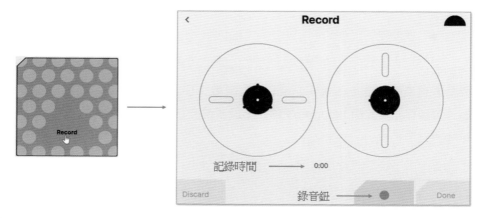

上述點選錄音鈕 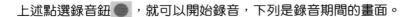，就可以開始錄音，下列是錄音期間的畫面。

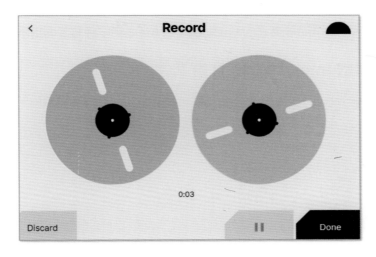

點選 Done 鈕，可以停止錄製。

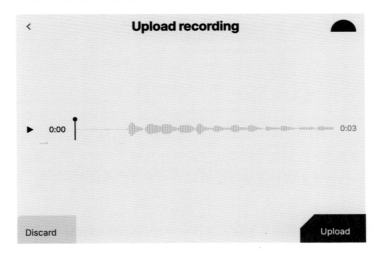

　　錄製完成後，可以點選 Discard 拋棄此錄音或是 Upload 上傳錄音，錄製的語音會記錄錄製時間。

3-10 人聲生成音頻 Input vocals

這是目前 Stable Audio 最新的測試功能，在 3-4-5 節已經有畫面提示。

3-10-1 開啟 Input vocals 官方文件

讀者可以參考 3-9-2 節，往下捲動視窗，查看官方示範檔案與輸出。

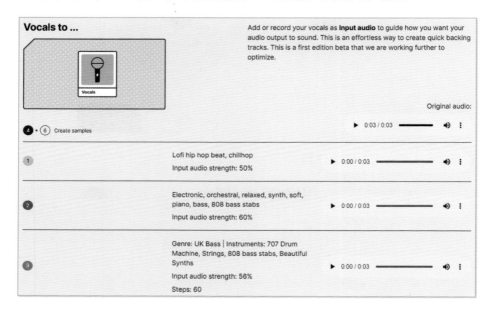

上述英文意義是，「添加或錄製您的人聲作為輸入音頻，以引導您希望音頻輸出的效果。這是一種快速創建伴奏曲目的簡單方法。目前是我們正在進一步優化的第一版測試版本。」

繼續往下捲動視窗，可以看到官方文件，一個更佳的人聲音示範實例。

3-10-2　實作 Input vocals

讀者可以將上一小節錄製的聲音當作輸入音頻來源，然後輸入 Prompt：「Drum Input audio strength: 50%」。

請點選 Generate 鈕即可。

3-11　建立 Stable Audio 專輯封面

3-11-1　音樂文字 Prompt 生成圖像

前面敘述了用文字生成音樂，我們也可以應用 AI，將生成音樂的文字轉成圖像。

實例 1：「派對場合鼓與貝斯音樂」圖像。

> 請用下列文字創作圖片
> 「生成一段充滿能量的鼓與貝斯音樂，適合派對場合。」

實例 2：「打擊樂和高亢的弦樂」圖像。

請用下列文字創作圖片
「一段大膽且充滿冒險感的音樂，帶有強烈的打擊樂和高亢的弦樂。」

實例 3：「搖滾樂器曲」圖像。

> 請用下列文字創作圖片
> 「一段令人興奮的搖滾樂器曲，使用快速的吉他和強勁的
> 鼓聲。」

3-11-2 圖檔生成專輯封面

請依據上傳的music.jpg, 生成名稱是"Stable Audio"的音
效專輯封面

3-11-3　書籍內容生成專輯封面

我用Stable Audio建立下列應用
text-to-audio
audio-to-audio
vocals-to-audio
你可以應用以上觀念，建立含有「Stable Audio」字樣的
專輯封面嗎

第 4 章
用文字譜出旋律
AI 音樂生成工具大解析

　　隨著 AI 技術的成熟，越來越多的 AI 作曲工具應運而生。針對文字生成音樂部分，本章將為你詳細介紹除了 Stable Audio 之外的其他卓越 AI 工具的功能、優勢，幫助你找到最適合你的 AI 音樂創作夥伴，讓你的音樂創作變得更加輕鬆便捷。

4-1　Loudly - AI 音樂創作平台輕鬆打造個人化配樂

　　Loudly 是一款新型的人工智能音樂生成器，能夠生成超過十億種不同的配樂。這款工具不僅能為用戶創作適合其需求的音樂，還允許用戶進行自定義，並能導出到任何選擇的數字音頻工作站（DAW）中。其功能特點如下：

- 多樣化音樂生成：Loudly 可以根據用戶的需求生成多種風格的音樂，包括選擇樂器、持續時間、節奏強度、情感張力和音樂風格。
- 自定義選項：用戶可以對生成的音樂進行個性化設置，甚至混合不同的音樂風格。
- 豐富資源：提供超過 200,000 個樣本和預製曲目供用戶使用，方便創作和編輯。

本節將只針對 Loudly 網站的文字生成音樂 (Text to Music) 做說明。

4-1-1　登入 Loudly 網站

　　讀者可以用搜尋，或是下列網址登入 Loudly 網站：

　　https://www.loudly.com/

進入網站後，可以點選 Sign up free 鈕，註冊和更進一步認識網頁。

4-1-2　費用說明

　　在 Loudly 官網首頁，點選 UPGRADE 鈕，可以看到費用說明。

此網站的費用分成月支付與年支付，細節可以參考下表。

免費	月支付 10 美元	月支付 24 美元
每月可創作 25 首歌曲	每月可創作 900 首歌曲	每月可創作 3000 首歌曲
歌曲最長為 30 秒	歌曲最長為 3.5 分鐘	歌曲最長為 7 分鐘
每月可下載 1 次	每月可下載 300 次	每月可下載 500 次
標準品質 MP3 格式	高品質 MP3、WAV 格式	高品質 MP3、WAV 格式
	每月提供 5 套 Stem 包	每月提供 20 套 Stem 包
	每月 20 次錄音室導出	每月 80 次錄音室導出
基本許可證：適用於 1 個社交媒體平台	個人許可證：適用於社交媒體、直播、播客，可貨幣化所有頻道，包括 YouTube。提供音樂許可證認證 PDF。	專業許可證：適用於付費廣告、客戶作品、應用程式和網站、電子競技和獨立遊戲、企業媒體。

註 播客英文是 Podcast。

❏ **Stem Packs 說明**

上述所謂的 Stem 包（Stem Packs）指的是音樂製作中的多軌音軌組合，通常分為不同的音樂元素或樂器部分，例如：鼓、貝斯、旋律、和聲等。每個 Stem 是獨立的音軌，讓使用者可以在混音或重新編排音樂時對這些部分進行單獨調整、處理或編輯。例如，一首完整的音樂可以被分解成不同的音軌：

- 鼓組 Stem：包含歌曲中的所有打擊樂器部分。
- 貝斯 Stem：僅包含貝斯音軌。
- 旋律 Stem：包括吉他或鍵盤等旋律樂器。
- 人聲 Stem：獨立的歌聲部分。

Stem 包的好處是讓音樂製作人或混音師可以更靈活地控制不同音軌的音量、效果或特效，重新混合或創作出新的版本，適合用於專業的混音製作、重新編排、DJ 表演或電視 / 電影配樂等。

❏ **Studio exports 說明**

Studio exports 筆者翻譯成從錄音室導出，指的是從音樂製作軟體或數字音頻工作站中將音樂項目導出為高質量的音頻文件。當提到「錄音室導出」時，這通常是指製作完成後的音樂文件，如 MP3、WAV 等格式，從製作環境中導出，用於最終的分發或發布。

4-1-3　Create/Text to Music 創作環境

在 Loudly 網站請點選 Create 標籤，然後點選 Text to Music 鈕，可以進入創作環境。

4-1-4　音樂創作

Prompt：「電能節奏 - 振奮人心的電音律動」，「Create a fast-paced electronic beat that feels upbeat and exhilarating.」（創作一段快速節奏的電子音樂，感覺充滿活力和振奮人心。）

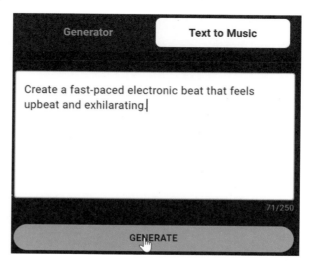

上述按 GENERATE 鈕後，可以得到 3 首音樂。

Loudly 工具會主動生成 3 首音樂，同時為每一首音樂命名，讀者可以選擇喜歡的音樂更近一步編輯音樂、發佈、複製連結、加入資料庫或是下載。

4-1-5　創作資料庫

前一小節點選某首音樂右邊的圖示 ，可以將該首音樂加入自己創作的資料庫。例如：點選 Digital Dawn 該首右邊的圖示 後，再點選視窗的 Library 標籤，可以得到下列結果。

4-2 Mubert - 無限音樂風格任你選 AI 幫你快速生成

Mubert 是一個人工智慧的音樂生成平台，專為內容創作者設計。它能夠即時生成適合各種平台（如 YouTube、TikTok 和線上直播）的免版稅背景音樂。Mubert 利用大量樣本和算法，為用戶提供獨特且高品質的音樂流，並允許用戶根據自己的需求進行個性化設置。其主要功能特點如下：

- 即時生成音樂：Mubert 能夠應用文字、圖片、應用設定、快速生成音樂，適合不同的內容需求。本節將針對文字、應用設定生成音樂部分做說明。

- 免版稅使用：所有生成的音樂均可自由使用，無需擔心版權問題。

- 多樣化風格：用戶可以選擇多種音樂風格，包括電子、氛圍、放鬆等，以符合他們的活動或情緒需求。

- 免版稅音樂：提供一系列音樂免費下載。

Mubert 非常適合需要背景音樂的創作者，如視頻製作人、線上直撥主持人和社交媒體內容創作者。用戶可以根據自己的喜好訓練算法，以獲得更個性化的音樂推薦。

4-2-1 登入 Mubert 網站

讀者可以用搜尋，或是下列網址登入 Mubert 網站：

https://mubert.com/render/tags/text-to-music

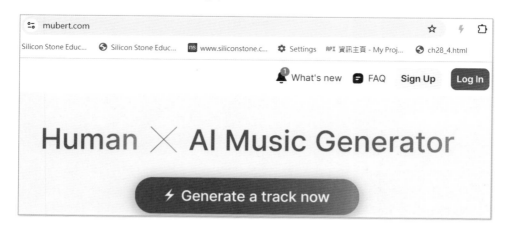

　　Mubert 網站另一個特色是，即使沒有註冊，也可以生成與下載免費的音樂。例如：在上述畫面筆者未註冊，直接點選 Generate a track now 鈕，可以進入創作環境。

　　如果有註冊，可以在右上方看到註冊名稱。

　　如果有註冊，你的創作可以保留。

4-2-2　認識創作環境

前一小節筆者已經簡單的介紹了創作環境，上述環境比較特別的是：

❑ **圖片生成音樂**

將在下一章解說。

❑ **Set type**

在 text-to-music 創作中，「set type」這個欄位用來指定你想要生成的音樂片段的類型，不同的選項代表著不同的音樂結構和用途。以下對 Track、Loop、Mix 與 Jingle 等 4 個選項的意義進行詳細說明：

● Track（曲目）：這是預設，這個選項生成的音樂常應用在背景音樂、Podcast 配樂、音樂專輯中的歌曲。代表一首完整的音樂，通常包含完整的音樂結構，有下列項目：

- Intro（引言）：音樂的開頭部分
- Verse（主歌）：音樂的主要部分
- Chorus（副歌）：音樂中最抓耳（容易記住，並引發強烈共鳴）的部分
- Bridge（橋段）：連接不同段落的部分
- Outro（尾聲）：音樂的結尾部分

● Loop（循環）：重複播放的片段，通常用於營造氛圍或作為背景音樂。Loop 的長度可以根據需要進行調整，可以很短，也可以很長。Loop 常用於：

- 遊戲配樂
- 廣告音樂
- 影片背景音樂

● Mix（混音）：多個音軌的組合，可以是不同樂器、人聲或音效的混合。Mix 可以用於：

- 製作專輯
- 製作 DJ 混音
- 製作音效設計

- Jingle (短音樂)：短而精悍的音樂片段，通常用於廣告、節目或品牌識別。
  - Jingle 具有很強的記憶點，可以讓人快速聯想到相關的品牌或內容。

總結來說可以用這個選項，選擇下列類型的音樂創作：

- Track 是預設選項，可以生成一首完整的音樂，結構完整。
- Loop 是重複播放的片段，用於營造氛圍。
- Mix 是多個音軌的組合，可以製作出豐富的音樂效果。
- Jingle 是短而精悍的音樂片段，用於品牌識別。

❏ **Or choose Genres、Moods、Activities**

　　Mubert 也可以用選擇 Genres(音樂類型)、Moods(情緒) 或 Activities(活動或場景) 的方式生成音樂。在生成音樂時，這些選項代表了音樂的風格、情緒和使用場景。讓我們一一來解析：

- Genres (音樂類型)
  - 代表意義：指的是音樂的風格分類，就像不同的菜系一樣，音樂也有不同的類型。
  - 常見的音樂類型：流行、搖滾、爵士、古典、電子、鄉村、嘻哈等等。
  - 影響：選擇不同的音樂類型會直接影響生成的音樂的旋律、節奏、和聲、編曲方式等。例如，選擇「流行」類型，生成的音樂通常會比較朗朗上口，節奏感強；而選擇「古典」類型，生成的音樂則會更注重旋律的優美和和聲的豐富性。

當點選 Genres 後，可以有下列選項，更近一步選擇音樂類型。

Genres	Moods	Activities

Ambient	**Drumnbass**	**Hiphop**	**Pop**
Ambient	Drumnbass	Chill Hop	Corporate
Atmosphere	Liquidfunk	Drill	Country Pop
Darkambient	Microfunk	Hiphop	Future Pop
Bass	Neurofunk	Lofi	Hyper Pop

• • •

上述粗體代表類別大項目，一般字體是選項，中文意義如下：

周圍的	鼓貝斯	嘻哈	流行音樂
周圍的	鼓貝斯	冷跳	公司的
氣氛	液體芬克	鑽頭	鄉村流行音樂
黑暗環境	麥克芬克	嘻哈	未來流行音樂
低音	神經芬克	洛菲	超流行音樂

● Moods（情緒）

　■ 代表意義：指的是音樂所表達的情緒，也就是音樂給人的感覺。

　■ 常見的情緒：開心、悲傷、憤怒、平靜、激動、輕鬆等等。

　■ 影響：選擇不同的情緒會影響音樂的旋律、節奏、和聲的走向。例如，選擇「開心」情緒，生成的音樂通常會比較歡快、明亮；而選擇「悲傷」情緒，生成的音樂則會更慢、更憂鬱。

當點選 Moods 後，可以有下列選項，更近一步選擇音樂的情緒色彩。

Genres	Moods	Activities	
Amusing	Celebration	**Energizing**	**Joyful**
Fun	Happy Birthday	Extreme	Happy
Beautiful	Valentines	Groovy	Kids
Beautiful	Christmas	Motivation	Optimistic
Friends	Xmas	Night	**Sad**

上述選項中文意義如下：

有趣	慶典	充滿活力	快樂
樂趣	生日快樂	極端	快樂的
美麗的	情人節	格羅維	孩子們
美麗的	聖誕節	動機	樂觀的
朋友們	聖誕節	夜晚	**傷心**

- Activities (活動)
    - 代表意義：指的是音樂所適合的場景或活動。
    - 常見的活動：運動、放鬆、工作、派對、遊戲等等。
    - 影響：選擇不同的活動會影響音樂的節奏、能量、氛圍。例如，選擇「運動」活動，生成的音樂通常會節奏感強、能量十足；而選擇「放鬆」活動，生成的音樂則會節奏緩慢、旋律柔和。

當點選 Activitiess 後，可以有下列選項，更近一步選擇音樂的情緒色彩。

Genres	Moods	Activities	
Calm	**Focus**	**Sleep**	**Sport**
Beautiful	Minimal 120	Ambient	Cardio 120
Meditation	Minimal 170	Brown Noise	Cardio 130
Om	**Game**	Fire	Energy 100
Zen	Battle	Forest	Fitness 90

• • •

上述選項中文意義如下：

冷靜的	**重點**	**睡覺**	**運動**
美麗的	最低 120	周圍的	有氧運動120
冥想	最低 170	布朗噪音	有氧運動130
唵	**遊戲**	火	能源100
禪	戰鬥	森林	健身90

• • •

總結來說，我們上述選項生成音樂的觀念如下：

- Genres 決定了音樂的基礎風格。
- Moods 影響了音樂的情緒色彩。
- Activities 指示了音樂的應用場景。

4-2-3　免費音樂資源下載

Mubert 網站左側有 Explore(探索) 標籤，此標籤有 6 個選項，如下：

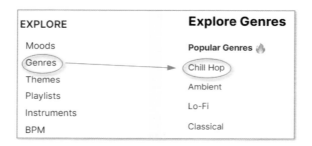

假設筆者點選 Genres 後，再點選 Chill Hop(嘻哈音樂)。

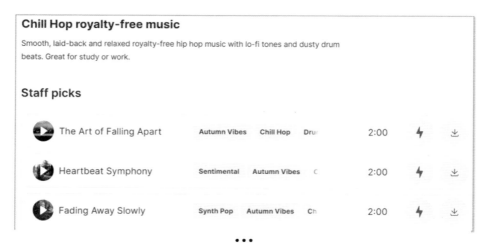

可以看到系列可以免費下載的音樂列表：

Chill Hop royalty-free music

Smooth, laid-back and relaxed royalty-free hip hop music with lo-fi tones and dusty drum beats. Great for study or work.

Staff picks

▶ The Art of Falling Apart	Autumn Vibes　Chill Hop　Dru		2:00	⚡ ↓
▶ Heartbeat Symphony	Sentimental　Autumn Vibes　C		2:00	⚡ ↓
▶ Fading Away Slowly	Synth Pop　Autumn Vibes　Ch		2:00	⚡ ↓

• • •

　　上述告訴我們這是流暢、悠閒、放鬆的免版稅嘻哈音樂，具有低保真音調和沙啞的鼓聲，非常適合學習或工作時聆聽。官方員工首選音樂如下：

- The Art of Falling Apart(崩塌的藝術)
- Heartbeat Symphony(心跳交響曲)
- Fading Away Slowly(慢慢地消逝)

讀者可以試播，如果覺得好，可以下載。另外，也可以點選圖示 ⚡ ，將看到下列對話方塊。

上述表示，「選擇您想要的音樂類型和長度，讓系統為您生成相似的音樂。」

4-2-4 費用規則

在 Mubert 官網首頁，點選 Go Premium 選項，可以看到免責聲明，同時下方有費用說明。

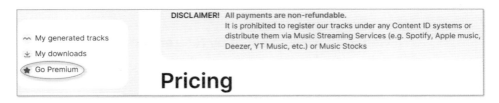

上述免責聲明的內容是：

「所有付款均不予退還。

禁止將我們的曲目註冊到任何內容識別系統（如 Content ID），或透過音樂串流服務（例如 Spotify、Apple Music、Deezer、YouTube Music 等）或音樂庫進行分發。」

此網站的費用細節如下，另外有企業版每月 199 美元 (篇幅有限沒有列出)。

免費	月支付 14 美元	月支付 39 美元
MP3 附帶署名，每月最多生成 25 首曲目。	每月 500 首 適用於社交平台和 NFTs	每月 500 首 適用於商業用途（包括 YouTube）
NFT 配樂	NFT 配樂	NFT 配樂
	不需署名	不需署名
	無可聽見的浮水印	無可聽見的浮水印
	無失真音質	無失真音質
	推廣 / 加強的貼文	推廣 / 加強的貼文
		可營業用途
		廣告用途（包括數位、電視、廣播）
		可用於客戶專案
		遊戲內音樂

在上述費用說明中有 NFT，NFT 的全名是 Non-Fungible Token，中文翻譯為「非同質化代幣」。NFT 是一種區塊鏈技術的數位資產，每個 NFT 都是獨一無二的，無法互換，通常用於數位藝術、音樂、影片、遊戲物品等獨特內容的所有權證明。

4-2-5　文字生成音樂創作

Prompt 實例：「電吉他熱情 - 激情搖滾抒情曲」，「Compose a passionate rock ballad with soaring electric guitar solos.」（編寫一段充滿激情的搖滾抒情曲，加入高亢的電吉他獨奏。）

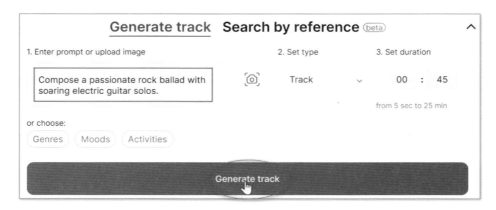

上述按 Generate track 鈕後，可以得到結果音樂，Prompt 內容會當作音樂名稱。

上述點選圖示  ，可以在下方播放此音樂，同時顯示播放的音軌。

4-2-6　應用 Genres、Moods 和 Activities 生成音樂

請點選「Genres – Rock & Metal – Rock/Metal」（音樂類型- 搖滾 / 金屬）」。

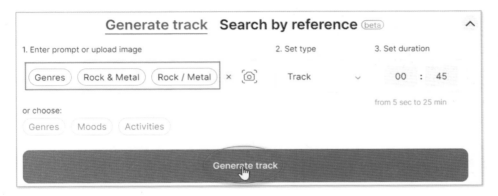

上述點選 Generate track 鈕後，可以得到下列結果。

讀者上述可以看到系列生成的音樂列表。

4-3　LimeWire - 回顧與展望 P2P 音樂分享的時代變革

Limewire.com 是與 LimeWire 相關的網站，該平台最初是一個 Gnutella 網絡的點對點檔案分享客戶端，於 2000 年首次發布。LimeWire 允許用戶尋找和傳送各種檔案，並且以 GNU 通用公共許可證發佈，鼓勵用戶使用其增強版以獲得更快的下載速度。然而，由於與美國唱片業協會的法律糾紛，LimeWire 在 2010 年被法院命令永久停止運作。

最近，LimeWire 重新推出了一個名為 "LimeWire AI Studio" 的服務，這是一個免費的人工智慧藝術生成器，可以將文字轉換為圖像、視頻和音頻內容。這一新版本旨在利用 AI 技術為用戶創造多樣化的內容，與其早期的檔案分享功能有著根本性的不同。本節主要是敘述文字生成音樂功能。

4-3-1　登入 LimeWire 網站

讀者可以用搜尋，或是下列網址登入 LimeWire 網站：

https://limewire.com/

進入網站後，請點選 Sign In 鈕進行註冊，視窗往下捲動可以看到下列畫面：

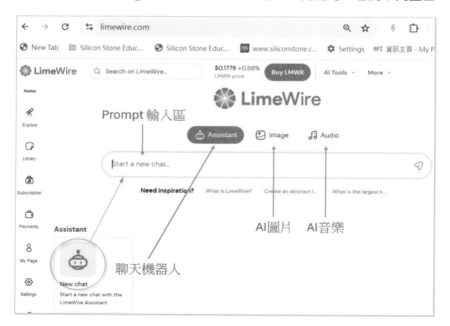

上述預設是進入 AI 聊天環境，讀者也可以點選 Image 或 Audio 圖示，切換到 AI 圖片或 AI 音樂環境，本書的重點是 AI 音樂，所以不對 AI 聊天與 AI 圖片做說明。

4-3-2　文字生成音樂環境

往下捲動視窗，可以看到下列畫面：

這一節的重點是介紹 Audio 的 Create Music，主要是文字生成音樂功能。

4-3-3　費用規則

使用 LimeWire 時，可以採用每次生成支付費用方式，也可以採用加入會員方式。進入官方網頁後，可以參考下列畫面，下列如果點選 Buy LMWR 鈕，會看到要求刷卡資訊，未來採用每用一次則支付一次費用，金額是 0.1788 美元。

在 LimeWire 官網首頁，點選左側的 Subscription 選項，可以看到採用月支付的費用說明。

免費	月支付 9.99 美元	月支付 29 美元
每天有 10 個點數。	每月 1000 個點數	每月 3750 個點數
每天最多 20 張圖片	每月最多 2000 張圖片	每月最多 3700 張圖片
每天最多 4 首音樂	每月最多 400 首音樂	每月最多 1500 首音樂
廣告收益分成 50%	使用所有 AI 模型	使用所有 AI 模型
	廣告收益分成 50%	廣告收益分成 60%
	個人檔案顯示 PRO 標誌	個人檔案顯示 PRO 標誌
	無廣告	無廣告
	完整創作歷史	完整創作歷史

4-3-4　文字生成音樂創作

請點選 Audio/Create Music，進入文字生成音樂創作環境。

Prompt 實例：「史詩之旅 - 鼓聲與弦樂的冒險篇章」，「Generate a bold, adventurous track with strong percussion and soaring strings.」（生成一段大膽且充滿冒險感的音樂，帶有強烈的打擊樂和高亢的弦樂。）

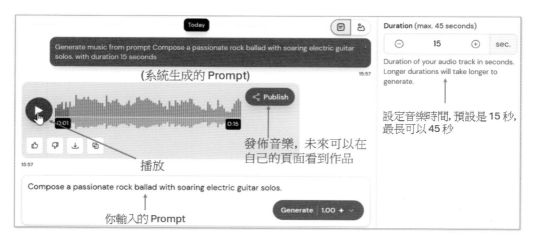

讀者可以點選圖示 ▶，了解音樂效果。

4-4 　MusicGen – Meta 的 AI 音樂工具

MusicGen 是由 Meta AI 開發的一款免費生成式 AI 工具，專門用來根據文字提示或其他音樂片段生成音樂，每次可以生成 15 秒的音樂。

● 文字條件生成：根據用戶輸入的文字描述，例如：音樂類型、節奏等，來生成音樂。

● 音頻條件生成：使用現有音頻片段作為基礎來創作新音樂。

● 無條件生成：在沒有特定提示的情況下，隨機生成音樂。

MusicGen 的架構結合了文字編碼器、語言模型解碼器和音頻編碼器 / 解碼器，能夠根據用戶的需求創作出不同風格和長度的音樂。它的訓練數據來自於大量授權的音樂資料，涵蓋了多種風格和形式，讓生成的音樂具有豐富的多樣性和品質。

4-4-1　進入 MusicGen 創作環境

讀者可以用搜尋，或是下列網址登入 Huggingface 網站：

https://huggingface.co/spaces/facebook/MusicGen

4-4-2　文字生成音樂

Prompt 實例：「深淵回聲 (Echoes of the Abyss)」，「創作一首黑暗、氛圍感強烈的音軌，加入令人毛骨悚然的合成器音效和低沉的貝斯。」（Create a dark, atmospheric track with haunting synths and low bass. ）

上述生成的音樂分別用「深淵回聲 .mp4」和「深淵回聲 .wav」儲存在 ch4 資料夾。

4-4-3　音頻生成音樂

我們可以用第 1 章生成的音效檔案，生成音樂，ch4 資料夾有「森林鳥鳴聲 .wav」，拖曳此檔案到工作區，按 Generate 鈕後，可以得到下列結果。

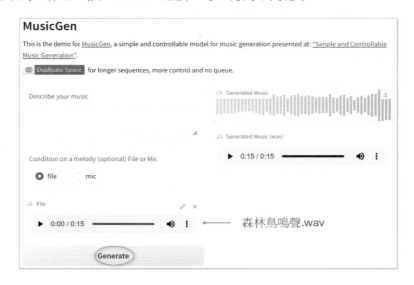

上述生成的音樂分別用「森林 _ 鳥鳴 .mp4」和「森林 _ 鳥鳴 .wav」儲存在 ch4 資料夾。

4-5 音樂視覺化 - 用視覺故事說音樂

4-5-1　音樂生成圖像

實例 1：「快節奏電子音樂」圖像。

> 請參考下列英文字, 創作圖像
> Create a fast-paced electronic beat that feels upbeat and exhilarating.

（創作一段快速節奏的電子音樂，感覺充滿活力和振奮人心。）

實例 2：「冒險感音樂」圖像。

> 請依據下列文字生成全景圖象
> Generate a bold, adventurous track with strong
> percussion and soaring strings.

（生成一段大膽且充滿冒險感的音樂，帶有強烈的打擊樂和高亢的弦樂。）

4-5-2　建立專輯封面

請用 ch4 資料夾的 ch4.png，和下列 Prompt 生成音效專輯封面。

4-5-3　建立主題是 Text to Music 的音效專輯封面

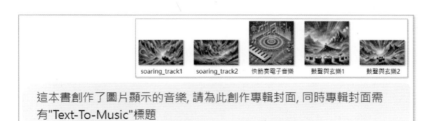

這本書創作了圖片顯示的音樂, 請為此創作專輯封面, 同時專輯封面需有"Text-To-Music"標題

第 5 章

畫出旋律
視覺藝術與音樂的 AI 結合

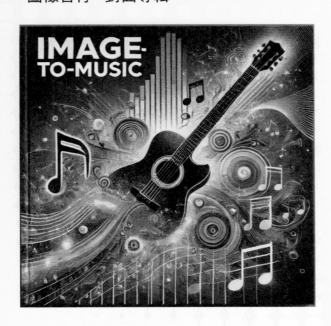

你曾想像過一幅畫作也能「聽見」嗎？隨著人工智慧技術的日新月新，這個看似天馬行空的想像，如今已成為觸手可及的現實。在這個章節中，我們將深入探索 AI 如何將視覺藝術與音樂緊密結合，創造出令人驚嘆的全新藝術形式。

從前音樂與視覺藝術看似是兩個獨立的世界，但 AI 的介入打破了這道藩籬。透過複雜的演算法，AI 能夠將圖像中的色彩、形狀、構圖等元素轉換為音符、節奏和旋律，讓靜態的畫面動起來，聽起來。這不僅僅是技術上的突破，更是藝術創作的一次革命。

本章將帶你走進這個充滿無限可能的領域，我們將介紹幾個將圖像轉換為音樂的 AI 工具。同時我們也會分享一些令人驚艷的實作案例，展示 AI 在視覺音樂創作上的無限潛力。無論你是藝術家、音樂人、還是對 AI 充滿好奇的讀者，都能從本章中獲得啟發。

準備好踏上一段充滿驚喜的旅程了嗎？讓我們一起探索視覺與聽覺的交織，感受 AI 帶來的藝術創新。

5-1　AI Image to Music Generator

AI Image to Music Generator 是利用人工智慧將圖像轉換為音樂的平台。用戶只需上傳圖片，選擇生成模型，然後點擊按鈕，即可快速生成音樂。這個平台支持多種音樂風格，包括鋼琴、吉他、電子音樂等，並且無需登錄即可使用。

這個工具不僅適合專業創作者，也適合任何想要探索音樂創作的愛好者。

5-1-1　登入網站

讀者可以用搜尋，或是下列網址登入網站：

https://imagetomusic.top/#playground

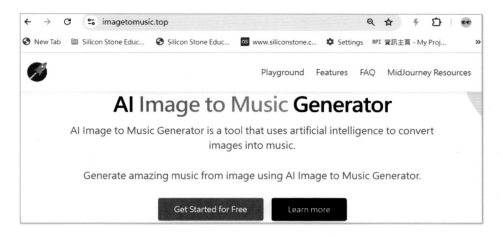

這個網站最大的特色是不用登入，同時免費使用。這是一頁式網頁，即使有 Playground、Feature、FAQ 標籤，點選後也是在同一網頁移動。

5-1-2 網站特色

點選 Feature 標籤，可以看到網站特色說明：

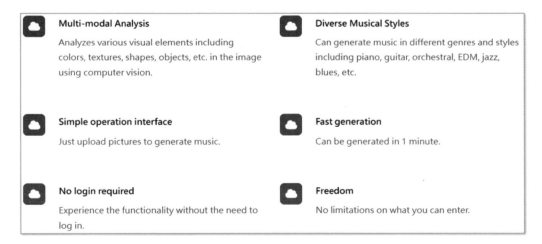

❏ **Multi-modal Analysis 多模態分析**

使用電腦視覺技術，分析圖像中的各種視覺元素，包括顏色、紋理、形狀、物體等。

❑ **Diverse Musical Styles 多元音樂風格**

可以生成不同類型和風格的音樂，包括鋼琴、吉他、管弦樂、電子舞曲 (EDM)、爵士、藍調等。

❑ **Simple operation interface 簡單操作介面**

只需上傳圖片即可生成音樂。

❑ **Fast generation 快速生成**

可以在 1 分鐘內完成音樂生成。

❑ **No login required 無需登入**

無需登入即可體驗所有功能。

❑ **Freedom 自由度**

沒有輸入內容的限制。

5-1-3　圖像轉音樂的應用

往下捲動視窗，可以看到 Applications of AI Image to Music Generator 標題，這是說明 AI 圖像轉音樂生成器的應用：

1. 媒體與娛樂：音樂家、電影製作人、動畫師可從概念圖和故事板快速生成免版稅的背景音樂。
2. 廣告與行銷：廣告商可從品牌圖像和標誌中創建音頻品牌、聲音標誌和定制廣告歌曲。
3. 個性化禮物：將個人照片轉換為特別的音樂禮物送給親人。
4. 治療工具：協助視障人士透過音樂感知視覺圖像。
5. 教育：可用於教授視覺藝術、圖像處理、聲音合成等。
6. 休閒創作：藝術家可將視覺藝術轉化為音樂並在線上分享。

5-1-4 如何使用 AI Image to Music Generator

讀者捲動視窗,可以看到 How to use AI Image to Music Generator 標題,這是說明使用此工具的步驟:

1. 步驟 1:上傳圖片。

2. 步驟 2:選擇模型。總共有 5 個模型可選,包括 MAGNet、AudioLDM-2、Riffusion、Mustango 和 MusicGen。

3. 步驟 3:點擊「從我的圖片生成音樂」按鈕,稍等片刻,音樂將生成。

4. 步驟 4:最後,您將獲得一個提示和相應的音樂。當然,您可以再次編輯提示內容並重新生成音樂。

5-1-5 創作環境

點選 Playground 標籤、Get Started for Free 鈕,皆可以進入創作環境,或是也可以捲動視窗到創作環境。

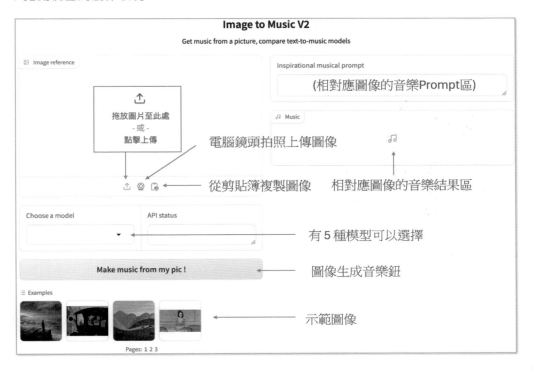

5-1-6　模型選擇

在 Choose a model 欄位可以選擇 AI 模型，這 5 種模型的差異可以參考下表：

模型名稱	強調特點	潛在優勢	可能限制
MAGNet	圖像與音樂的對應關係	能夠生成與圖像內容高度相關的音樂	可能對複雜圖像的處理能力較弱
AudioLDM-2	語音驅動的音樂生成	能夠根據文字描述生成音樂，擴展了創作可能性	對圖像細節的捕捉可能不夠精細
Riffusion	基於擴散模型的音樂生成	能夠生成多樣化的音樂風格	模型訓練成本較高
Mustango	多模態生成模型	能夠同時生成圖像和音樂，實現更緊密的結合	模型複雜度高
MusicGen	大規模語音 - 音樂模型	能夠根據文字描述生成高品質音樂	對圖像的理解能力可能有限

5-1-7　圖像生成音樂實作

實例 1：用 Image To Music 工具內附圖像，使用 MusicGen 模型，得到的結果。

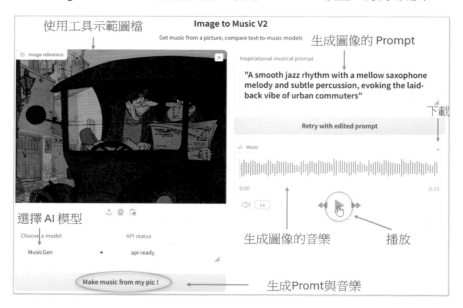

上述生成的 Musical Prompt 中文意義是，「一段順暢的爵士節奏，配上柔和的薩克斯風旋律和細膩的打擊樂，喚起了都市通勤者悠閒的氛圍。」

實例 2：用 ch5 資料夾的「情緒激昂 .png」搭配 MusicGen 模型，獲得的結果用「情緒激昂 .wav」儲存。

上述生成的 Musical Prompt 中文意義是，「一個充滿動感的電子音景，結合故障風格的節奏、跳動的合成器音效和金屬打擊樂，喚起數位世界的能量與複雜性。」

5-3 節筆者會用相同圖像做測試，不同工具做測試，讀者可以比較音樂效果，筆者覺得這個工具的效果比較好。

實例 3：用 ch5 資料夾的「拿破崙 .png」搭配 MusicGen 模型，獲得的結果用「拿破崙 .wav」儲存。

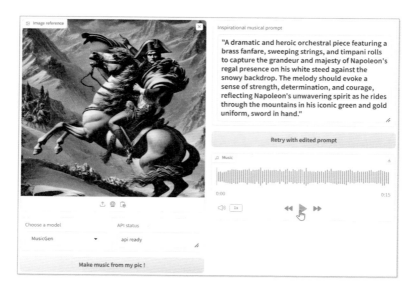

上述生成的 Musical Prompt 中文意義是，「這是一首充滿戲劇性與英雄氣概的管弦樂作品，帶有銅管樂的號角、悠揚的弦樂，以及定音鼓的震撼節奏，捕捉拿破崙在白馬上英姿勃發的氣勢，背景是雪景。旋律應該能引發力量、決心和勇氣的感受，反映出拿破崙堅定的精神，他穿著標誌性的綠金制服，手持佩劍，騎馬穿越群山。」

5-2 節筆者會用相同圖像做測試，不同工具做測試，讀者可以比較音樂效果，筆者覺得這個工具的效果比較好。

實例 4：用 ch5 資料夾的「搖滾音樂 .png」搭配 AudioLDM-2 模型，獲得的結果用「搖滾音樂 .wav」儲存。

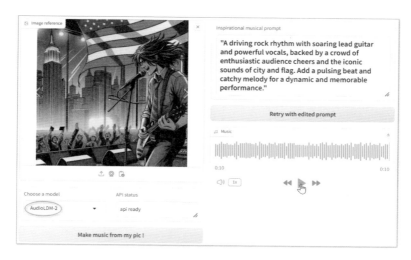

上述生成的 Musical Prompt 中文意義是，「充滿推動力的搖滾節奏，伴隨著高亢的主音吉他和強有力的歌聲，背景是熱情觀眾的歡呼聲以及城市與旗幟的標誌性聲音。加入強烈的節拍和動聽的旋律，營造出一場充滿動感且令人難忘的演出。」

5-1-8　Huggingface.co

AI Image to Music Generator 也以相同的應用程式掛在 Huggingface.co 官網，公開給所有讀者使用，請輸入下列網址：

　　https://huggingface.co/spaces/fffiloni/image-to-music-v2 可以看到與 5-1-5 節相同的使用介面。

5-2　Mubert - 圖像生成音樂

4-2 節筆者介紹了 Mubert AI 工具，當時說明了 Text-To-Music 功能。Mubert 工具也提供 Image-To-Music 功能，也就是圖像生成音樂功能，其步驟如下：

1：上傳圖像，目前支援 jpg、png 或 webp 格式的圖檔。

2：用圖像生成音樂。

5-2-1　上傳圖像

進入創作環境，可以用圖示 📷，上傳圖像，畫面如下：

請點選圖示 📷，將看到下列畫面。

　　看到上述畫面，讀者可以將 ch5 資料夾的「拿破崙 .png」拖曳至中央區塊。或是點選 Upload png, jpg or webp 鈕，然後在對話方塊選擇 ch5 資料夾的「拿破崙 .png」。不論是哪一種方法，皆可以看到下列視窗畫面。

請點選 Continue 鈕，就可以將影像上傳。

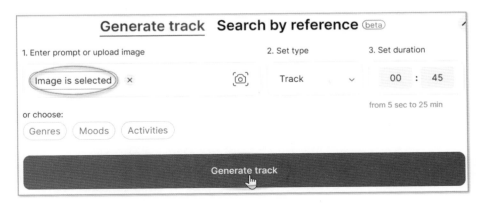

影像上傳成功後，在 Enter prompt or upload image 欄位，可以看到 Image is selected。

5-2-2 圖像生成音樂

繼續前一節的畫面，請點選 Generate track 鈕，可以得到下列結果。

請點選圖示 ，可以試播所生成的音樂，視窗下方可以看到音軌的律動。

5-3 Melobytes – AI image musicalization

2-2 節筆者介紹了 Melobytes 工具，當時說明了 AI Image to sound 功能。Melobytes 工具也提供 AI image musicalization 功能，也就是圖像生成音樂功能。

上述點選 AI image musicalization 功能像，就可以進入創作環境，目前此功能可以創作 Audio 格式的 mp3 檔案與 Video 格式的 mp4 檔案。

5-3-1　認識創作環境

Melobytes AI 工具的圖像創作音樂畫面如下：

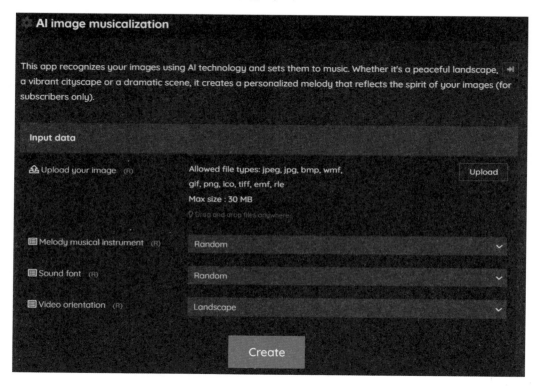

上述英文說明：此應用程式使用 AI 技術識別您的圖像並為其配上音樂。無論是寧靜的自然景觀、充滿活力的城市風光，還是戲劇性的場景，它都會創作出反映您圖像精神的個性化旋律（僅限訂閱者）。筆者測試，即使是免費用戶也可以使用。上述幾個欄位功能如下：

❏　**Upload your image**

目前此工具可以接受 jpeg、jpg、bmp、wmf、gif、png、ico、tiff、emf 與 wmf 格式的圖檔，最大檔案大小是 30MB。此欄位右邊有 Upload 鈕，點選後可以上傳圖檔。

❏　**Melody musical instrument**

　　這個欄位是 Melobytes 在生成音樂時，用來決定旋律所使用的樂器類型。當您選擇「random」時，這也是預設，系統會隨機選取一種樂器來演奏生成的旋律。此時可以獲得下列結果：

● 多樣性：每一次生成音樂，您都可能聽到不同的樂器演奏，增加了音樂的多樣性。

● 驚喜感：隨機選取的樂器能帶來意想不到的音樂效果，增加聆聽的樂趣。

● 探索可能性：對於不確定想聽哪種樂器的使用者來說，是一個不錯的選擇。

❏　**Sound font**

　　這個欄位就像是一個音色調色盤，讓我們可以從各種不同的音色中選擇，來塑造出獨一無二的音樂。「random」選項是預設，其意義是 Melobytes 會從它內建的音色庫中隨機挑選一個音色，來演奏生成的音樂。這就像是將樂器丟進一個袋子裡，隨機抽取一樣，每次都能帶來不同的驚喜。

● 多樣性：每一次生成的音樂，都可能擁有截然不同的音色，增加音樂的豐富性。

● 探索性：對於不熟悉各種音色的使用者來說，是一個很好的入門方式。

● 意外之喜：隨機的音色搭配，常常能產生意想不到的音樂效果。

❏　**Video orientation**

　　Melobytes 的 Video orientation 欄位主要是用來設定生成影片的畫面方向。這個設定會影響到最終生成的影片在播放時呈現的樣子。各個選項的意義如下：

● Landscape（橫向）：這是預設，也是最常見的影片方向，適用於大多數的螢幕，例如電腦螢幕、電視等。生成的影片會以寬度大於高度的比例呈現。

● Portrait（直向）：這種方向適合用於手機等螢幕高度大於寬度的設備。生成的影片會以高度大於寬度的比例呈現。

● Short video（短影片）：這個選項通常是為社交媒體平台上的短影片所設計的，它可能會根據不同的平台有特定的長寬比。

5-3-2　圖像生成 mp3 與 mp4

本書 ch5 資料夾有「情緒激昂 .png」，畫面如下：

請點選 Upload 鈕，上傳上述圖像檔案，將看到下列畫面：

請點選 Create 鈕，就可以開始執行音樂生成，執行過程將看到下列畫面。

這是告訴我們平均執行時間是 60 秒，有時可能會到 240 秒，完成後可以得到下列結果。

上述畫面可以看到 3 個欄位：

● File：點選 Download MIDI 可以下載「MIDI 編曲」檔案 (.mid)，筆者用「情緒激昂 _M.mid」儲存。

- Video：點選 Download 可以另開畫面，請點選更多選項圖示 ⋮，再選擇下載指令，就可以下載 result.mp4 檔案，筆者用「情緒激昂 _M.mp4」儲存。

- Audio：點選 Download 可以另開畫面，請點選更多選項圖示 ⋮，再選擇下載指令，就可以下載 result.mp3 檔案，筆者用「情緒激昂 _M.mp3」儲存。

5-4 Google 開發的 MusicLM/MusicFx

5-4-1 認識 MusicLM

　　MusicLM 是 Google 公司開發，一種以人工智慧為基礎的音樂生成模型。這個模型可以依據文字描述，並生成具有一定音樂風格的新音樂。

　　MusicLM 的訓練過程包括收集大量的音樂數據，例如各種類型的音樂曲目、樂器演奏等，然後將這些數據傳入模型進行訓練。透過這種方式，模型可以學習到音樂的節奏、旋律、和弦和結構等要素，並生成全新的音樂作品。

使用 MusicLM 可以創作出豐富多樣的音樂，這些音樂作品可以應用於多種場景，例如電影、電視、廣告等。除了音樂創作之外，MusicLM 還可以幫助音樂家進行作曲、編曲和改進現有的音樂作品等。

總體而言，MusicLM 是一種非常有用的音樂生成工具，可以幫助音樂家和音樂製作人在創作和製作音樂時更加高效和創意。

可能是法律風險，目前沒有公開給大眾使用屬於仍在測試中。

5-4-2 MusicLM 展示

儘管沒有公開給大眾使用，不過讀者可以用搜尋，或是下列網址欣賞 MusicLM 的展示功能。

https://google-research.github.io/seanet/MusicLM/examples/

讀者可以捲動畫面看到更多展示，下列是示範輸出。

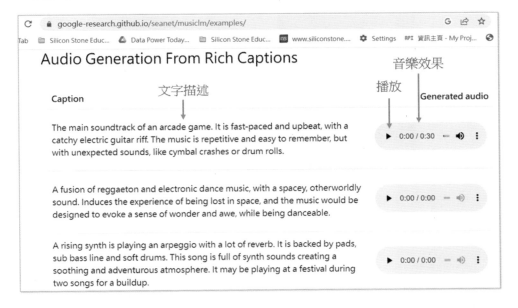

例如：上述是 3 首文字描述產生的音樂，上述描述的中文意義如下：

街機遊戲的主要配樂。它節奏快且樂觀，帶有朗朗上口的電吉他即興重複段。音樂是重複的，容易記住，但有意想不到的聲音，如鐃鈸撞擊聲或鼓聲。

雷鬼和電子舞曲的融合，帶有空曠的、超凡脫俗的聲音。引發迷失在太空中的體驗，音樂的設計旨在喚起一種驚奇和敬畏的感覺，同時又適合跳舞。

上升合成器正在演奏帶有大量混響的琶音。它由打擊墊、次低音線和軟鼓支持。這首歌充滿了合成器的聲音，營造出一種舒緩和冒險的氛圍。它可能會在音樂節上播放兩首歌曲以進行積累。

❏ 油畫描述生成 AI 音樂

一幅拿破崙騎馬跨越阿爾卑斯山脈的油畫，經過文字描述也可以產生一首 AI 音樂。

Napoleon Crossing the Alps - Jacques-Louis David

"The composition shows a strongly idealized view of the real crossing that Napoleon and his army made across the Alps through the Great St Bernard Pass in May 1800." By wikipedia

▶ 0:30 / 0:30

❏ 簡單文字描述產生的音樂

Caption	Generated audio
acoustic guitar	▶ 0:00 / 0:10
cello	▶ 0:00 / 0:10
electric guitar	▶ 0:00 / 0:10
flute	▶ 0:00 / 0:10

5-4-3 認識 MusicFx

MusicLM 和 MusicFX 之間的關係可以總結如下：

- 基礎模型：MusicLM 是 Google 開發的生成音樂的 AI 模型，能夠根據文字描述生成音樂。它可以處理多種音樂風格，並支持用戶自定義音樂的長度和其他參數。

- 升級版本：MusicFX 實際上是 MusicLM 的升級版，於 2023 年 12 月重新命名並推出。它結合了 Google DeepMind 的技術，提供了更流暢的用戶界面和改進的功能，如即時 DJ 模式，讓用戶可以在生成音樂時添加即時提示。

- 功能差異：
  - MusicLM：允許使用者輸入文字提示，並可以接受旋律或現有曲目作為基礎進行創作。
  - MusicFX 則是對 MusicLM 的一個簡化版本，主要針對文字描述進行生成，不支持現有曲目的使用，也無法生成人聲，這樣做是為了避免版權問題。

- 用戶體驗：MusicFX 提供了一個更加友好的界面，讓用戶可以輕鬆調整曲目長度和獲取循環響應，但其生成的音樂通常被認為較為通用且缺乏深度。

總結來說 MusicFX 是 MusicLM 的改進版本，旨在提供更便捷的音樂創作體驗，同時保持對生成內容的控制和簡化。台灣用戶目前不在測試區域，讀者可以應用下列網址申請測試，以便可以提早使用。

https://aitestkitchen.withgoogle.com/

5-5 圖像音符 - 封面專輯

5-5-1 創作帶音樂感的圖像

實例 1：「勝利交響曲」圖像。

請用上傳圖像, 繪製相同意境但是帶有音樂感的圖像　　　　

實例 1：「美國搖滾青年」圖像，上傳的圖像是「搖滾音樂 .png」。

請用上傳圖像, 繪製相同意境但是帶有音樂感的圖像

5-5-2　建立主題是 Image to Music 的音效專輯封面

上傳的圖像是 ch5.png。

這本書創作了許多音樂圖像與音樂檔案, 請應用上傳的圖像創作專輯封面, 此
封面需在同一行明顯的"Image-To-Music"標題

第 6 章
AI 歌曲創作 – Suno

在科技日新月異的時代，AI 不僅改變了我們的生活，也為藝術創作帶來了全新的可能性。Suno，這個名字或許對你來說有些陌生，但它卻是一款能將你的音樂夢想照進現實的 AI 音樂創作平台。

想像一下，你腦海中有一個美妙的旋律，卻苦於找不到合適的樂器或編曲技巧將它呈現出來；或者你想要創作一首獨一無二的歌曲，卻苦於缺乏專業的音樂知識。現在，有了 Suno，這些問題都能迎刃而解。

Suno 就像一位全能的音樂製作人，它能根據你的文字描述自動生成完整的歌曲。無論你是想創作流行歌曲、電子音樂，還是古典樂，Suno 都能滿足你的需求。更重要的是，Suno 的操作非常簡單，即使你沒有任何音樂基礎，也能輕鬆上手。

這一章將深入探討 Suno 的各種功能，以及它如何幫助你實現音樂創作的夢想。無論你是專業音樂人，還是對音樂充滿熱情的初學者，相信 Suno 都能給你帶來不一樣的音樂體驗。

6-1　進入 Suno 網站與認識 Home 首頁

6-1-1　進入 Suno 網站

讀者可以用搜尋，或是用「https://suno.com」進入網頁，進入網頁後可以看到下列畫面：

請點選 Create a song 鈕，如果你是第一次使用 Suno，會需要有註冊過程，註冊完成後就可以正式進入 Suno 個人工作環境。

6-1-2　認識 Home 首頁

進入 Suno 網站後，預設是在 Home 標籤環境：

剛進入 Suno 視窗的標籤功能如下：

❑　**Home**

　　這是使用者進入 Suno 平台後首先看到的頁面，這是一個直觀、便捷的入口，用戶能夠快速找了解目前音樂創作趨勢與作品。此頁面幾個重要的標題項目如下：

- Global Trending：列出 Suno 音樂平台目前音樂創作趨勢，點選 Global 可以選擇不同語系的音樂趨勢。點選 Now，可以選擇現在 (Now)、本週 (Weekly)、本月 (Monthly) 或整體時間 (All Time) 趨勢。
- Suno Covers：使用者利用 Suno 這個 AI 音樂生成平台，以其他歌曲或音檔為基礎，所創作出的翻唱作品。
- Trending Playlists：使用者可以快速了解 Suno 音樂平台當下最流行、最受歡迎的音樂播放清單的管道。
- Top Categories：列出 Suno 音樂平台上最受歡迎、最常被搜尋或使用的音樂類型或風格，這相當於是快速導航熱門音樂創作類別。

● Playlists For You：系統會分析你的聽歌喜好，推薦你可能喜歡的歌曲或歌手。或是你不知道要聽什麼歌時，也可以在此獲得靈感與選擇。

❑ **Create**

這是歌曲創作環境，將在 6-2 節完整說明。

❑ **Library**

這是你的歌曲資料庫，畫面如下：

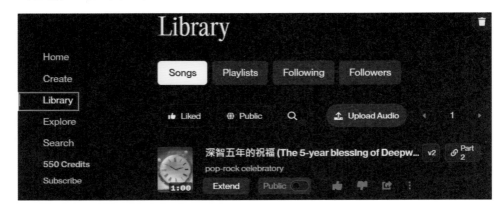

在此有 4 個標籤：

● Songs：你在 Suno 平台創作的歌曲列表。

● Playlists：你自己建立或收藏的播放清單。這些播放清單就像是你的個人音樂收藏庫，你可以將喜歡的歌曲、專輯或其他播放清單加入其中，方便你隨時隨地聆聽。

● Following：這是你關注的用戶或藝人所建立的播放清單。當你「Following」某人時，他們所更新的播放清單就會自動出現在你的 Library 中，方便你隨時收聽。

● Followers：這指的是關注你的人。也就是說，當你在 Suno 上分享你的音樂品味、建立播放清單時，其他用戶可以選擇關注你，以便隨時獲取你分享的最新音樂資訊。

上述環境有 Upload Audio 鈕，表示你可以上傳歌曲到 Library。

❑ **Explore**

　　就像是一扇通往音樂新世界的大門，它為用戶提供了一個探索、發現全新音樂的平台。這個標籤下通常會包含各種各樣的音樂內容，旨在幫助用戶跳脫出自己的音樂舒適圈，發現更多元的音樂風格和優秀的音樂作品。

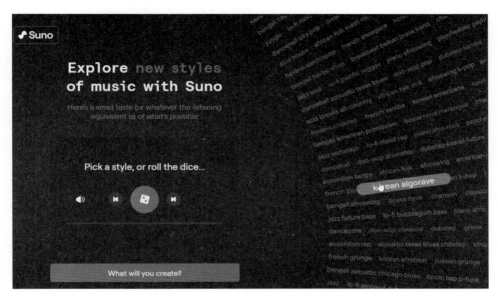

　　例如：如果點選 Korean algorave(韓國電子音樂派對)，可以看到相關歌曲自動播放。

❑ **Search**

　　可以搜尋歌曲 Songs、熱門播放清單 (Playlists)、熱門用戶 (Users)。

❑　**550 Credits**

讀者點數，目前是 550 點，點選後可以看到免費點數與付費點數的規則。

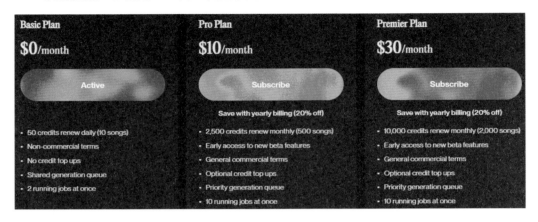

註　筆者為了可以更詳細介紹 Suno 功能，當然也非常推薦此 AI 工具，因此筆者有購買每個月 10 美元的 Pro Plan。

❑　**What's New?**

列出目前新的功能。

❑　**Help**

輔助說明功能，點選後可以看到常見問題與解答。

❑　**About**

相當於進入「https://suno.com/about」網頁，可以看到有關 Suno 的相關訊息。

❑　**Careers**

這是 Suno 公司提供給有意願加入他們團隊的人一個求職管道。這個欄位通常會列出 Suno 目前正在招聘的職位，提供應徵者詳細的職位描述、要求資格、公司福利等資訊。

左側欄位最下方是圖示 ●，點選後可以看到用戶個人資料檢視、編輯、管理帳戶、退出 Sign Out 功能。

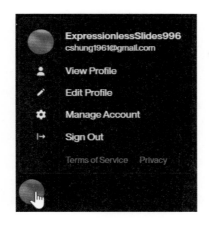

6-2 認識歌曲創作環境

左側工具欄點選 Create,可以進入創作環境。

歌曲描述Prompt　自訂歌曲參數　上傳音檔　AI 模型 Suno的純音樂　筆者創作列表

需要一些靈感　　靈感主題　字元數/允許字元數

6-2-1 認識創作環境

Suno 的創作環境幾個欄位意義如下:

- Custom：自訂歌曲參數，預設是不設定，讓 AI 模型針對你在 Song descriptiion 的描述自動生成歌曲。6-2-2 節還會更詳細說明。

- Upload Audio：可將自己的聲音或其他音檔上傳到平台上，作為創作音樂的基礎。這項功能大大擴展了 Suno 的創作可能性，讓你可以從自己的聲音出發，打造出獨一無二的音樂作品。

- v3.5：這是目前最新的 AI 生成歌曲模型，點選可以看到其他模型。

- Song description：請描述您想要的音樂風格和主題，例如：「關於假期的原聲流行音樂」。請使用音樂類型和氛圍，而不是具體的藝術家或歌曲。我們也可以稱此是歌曲的「Prompt」。

- Create：建立歌曲。

- Instrumental：預設是沒有設定，如果設定可以生成純音樂，類似第 3 ~ 4 章所述的內容。

- Need idesa?：用戶需要創作靈感時，可以應用下方的 Person(人物)、Special Occasions(特殊場合)、Moods(情緒)、Activity(活動)、Greeting(問候)、Vacation(假期旅行)、Scrapbook(剪貼簿)、Pet(寵物) 的欄位獲得靈感。6-2-3 節會做更詳細說明。

6-2-2　Custom - 自訂歌曲參數

在 Suno 這個 AI 音樂生成平台中，Custom 欄位提供了一個更細緻、更個人化的創作空間。相較於不設定 Custom，直接讓 AI 自由發揮，Custom 設定能讓你對生成的音樂擁有更多控制權。

❏　預設是不設定 Custom 時的生成方式

- AI 主導：AI 會根據你輸入的文字提示，結合內建的音樂知識庫，自動生成一首歌曲。

- 快速生成：不需要花費太多時間進行設置，能快速獲得一首初步的音樂。

- 隨機性高：每一次生成，都可能得到風格迥異的音樂。

❏　設定 Custom 時的生成方式

- 使用者主導：你可以針對歌曲的風格、節奏、樂器、情緒等方面進行更細緻的設定。

- 個性化創作：透過 Custom 設定，你可以生成更符合你個人喜好的音樂。
- 精準控制：對於有特定音樂需求的使用者來說，Custom 設定能提供更精準的控制。

Custom 設定的常見選項：

- Lyrics：歌詞內容。寫下自己的歌詞，或尋求 AI 的幫助。使用兩段（8 列）以達到最佳效果。

- Style of Music：音樂風格。有 prog metal(前衛金屬)、new age(新世紀音樂)、deathcore(死亡核)、abstract(抽象音樂)、appalachian folk(阿帕拉契亞民謠)、hard techno(硬核電子舞曲)、uilleann pipes(愛爾蘭風笛)、super Eurobeat(超級歐陸節拍) 等風格可以選擇，或是在此寫下歌曲風格。也可以在此寫出排除哪些音樂風格。

- Title：歌曲名稱。

何時使用 Custom 設定？

- 想要更精準控制音樂風格：如果你對音樂風格有明確的要求，Custom 設定能幫助你實現。

- 想要創作個性化的音樂：如果你想讓生成的音樂更符合你的個人品味，Custom 設定是必不可少的。

- 需要為特定場景創作音樂：例如：影片、遊戲配樂，Custom 設定能讓你生成更符合場景氛圍的音樂。

總之 Custom 設定就像是為 AI 音樂生成提供了一個更精細的調色盤，讓你可以更自由地創作。如果你想要快速生成一首音樂，不設定 Custom 也是一個不錯的選擇。但如果你想要更深入地探索音樂創作的可能性，Custom 設定絕對是你的最佳選擇。

筆者建議：

- 先嘗試不設定 Custom：熟悉 Suno 的基本功能，了解 AI 的生成方式。

- 再逐步嘗試 Custom 設定：從簡單的設定開始，逐漸增加設定的複雜度，探索更多的可能性。

- 多做實驗：不要害怕嘗試不同的組合，你會發現很多意想不到的驚喜。

6-2-3　Need Ideas? - 創作靈感

　　Suno 提供 8 個主題的創作靈感提示，儘管本節將一一翻譯成中文說明，不過應用提示創作的歌曲是英文歌曲。筆者測試，Suno 創作英文歌曲的能力，與呈現的結果是比中文能力強。

❏　**Person – 人物**

Let's make a song to celebrate a special person in your life

Fill in the blanks to create your song.

I'm celebrating _____
　　　　　　　　　NAME OF PERSON

my _____
　RELATIONSHIP TO PERSON

My favorite thing about them is

_____
FAVORITE THING ABOUT THEM

and the funniest thing about them is

_____
FUNNIEST THING ABOUT THEM

Their favorite genre of music is

_____
GENRE

讓我們創作一首歌來慶祝您生命中特別的人

填寫空白來創建您的歌曲。

我正在慶祝 _____
　　　　　　　　　人員姓名

我的 _____
　　　　與人的關係

我最喜歡他們的是

_____
最喜歡他們的事情

他們最有趣的是

_____
關於他們最有趣的事情

他們最喜歡的音樂類型是

_____
類型

❏ **Special Occasions － 特殊場合**

Let's make a song to celebrate a special occasion!

Fill in the blanks to create your song.

I'm celebrating _____
          TITLE OF SPECIAL OCCASION

with/for _____ .
          NAME OF RECIPIENT

My favorite part about this day is

_____ ,
FAVORITE PART OF OCCASION

and my favorite genre of music is

_____ .
GENRE OF MUSIC

讓我們創作一首歌來慶祝一個特別的時刻！

填寫空白來創建您的歌曲。

我正在慶祝 _____
                    特殊場合的名稱

與/為 _____ 。
              收件人姓名

這一天我最喜歡的部分是

_____ ,
          最喜歡的場合

我最喜歡的音樂類型是

_____ 。
          音樂流派

❏ **Moods － 心情**

Let's make a song to match your mood

Fill in the blanks to create your song.

I'm currently feeling

_____
          MOOD

and I want to feel

_____ .
YOUR DESIRED MOOD

My favorite genre of music is

_____ .
          GENRE

讓我們創作一首適合您心情的歌曲

填寫空白來創建您的歌曲。

我目前的感覺 _____
                      情緒

我想要感受 _____
                  您想要的心情

我最喜歡的音樂類型是

_____ 。
          類型

❏　**Activity – 活動**

Let's make a song to soundtrack your activity

Fill in the blanks to create your song.

I'm going to _____
　　　　　　　　ACTIVITY

with _____
　　　　PERSON

The vibes we want to feel are

_____
　　DESIRED MOOD

and our favorite genre of music is

_____
　　GENRE

讓我們製作一首歌曲來為您的活動配樂

填寫空白來創建您的歌曲。

我要去 _____ 和
　　　　　　活動

_____ 。
　　　人

我們想要感受的氛圍是

_____
　　想要的心情

我們最喜歡的音樂類型是

_____ 。
　　類型

❏　**Greeting - 問候**

Let's make a song to give someone in your life a special greeting

Fill in the blanks to create your song.

I'm saying _____ to
　　　　　GREETING

_____ .
　NAME OF PERSON

This person is special to me because

_____
THING YOU LOVE ABOUT THEM

Their favorite genre of music is

_____
　　GENRE

讓我們創作一首歌來向您生命中的某個人致以特別的問候

填寫空白來創建您的歌曲。

我是說 _____ 到
　　　　　問候語

_____ 。
　　人員姓名

這個人對我來說很特別，因為

_____
　你喜歡他們的地方

他們最喜歡的音樂類型是

_____
　　類型

❑　**Vacation - 假期旅行**

Let's make a song to get excited for your upcoming trip

Fill in the blanks to create your song.

I'm traveling to _____
　　　　　　　　NAME OF PLACE

in/on _____.
　　WHEN YOU WILL TRAVEL THERE

When I get there, I'm most excited to see

_____ , eat
NAME OF ATTRACTION

_____ , and try
NAME OF FOOD

_____ .
　　ACTIVITY

讓我們創作一首歌來為您即將到來的旅行感到興奮

填寫空白來創建您的歌曲。

我要去旅行 _____
　　　　　　　　地點名稱

內/上 _____。
　　　您什麼時候去那裡旅行

當我到達那裡時，我最興奮的是看到

_____ , 吃
　　　景點名稱

_____ , 並嘗試
　　　食物名稱

_____
　　　活動

❑　**Scrapbook - 剪貼簿**

Let's make a song to commemorate your special memory

Fill in the blanks to create your song.

I'm celebrating the time that

_____
　　NAME OF PERSON

_____
　　WHAT THEY DID

This memory is special because

_____
　　REASON

Their favorite genre of music is

_____
　　GENRE

讓我們創作一首歌來紀念你的特殊記憶

填寫空白來創建您的歌曲。

我正在慶祝這個時刻

_____
　　人員姓名

_____
　　他們做了什麼

這段記憶很特別，因為

_____。
　　　原因

他們最喜歡的音樂類型是

_____。
　　　類型

❑ **Pet 寵物**

上述只要在靈感提示欄位輸入適當的內容，再按下方的 Create 鈕，Suno 就可以依據提示生成歌曲。

6-3 設定 Instrumental - 創作音樂

6-2-1 節筆者有敘述，設定 Instrumental 欄位可以創作音樂，這相當於是第 3 ～ 4 章的「文字創作音樂」。

6-3-1 音樂創作

下列是設定此欄位，同時輸入 Prompt 的實例。

Prompt 實例：「懷舊回聲 (Nostalgic Echoes)」，「創作一段柔和的復古風格鋼琴曲，喚起對過去的回憶。」

上述按 Create 鈕後,可以在創作列表看到所創作的曲目,Suno 自動創作 2 首曲目。

創作音樂的 AI 模型　　　　　　複製連結

音樂長度

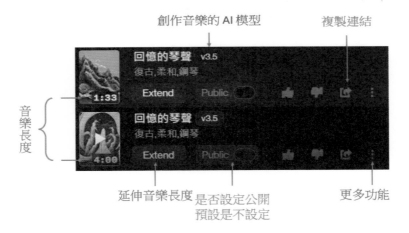

延伸音樂長度　是否設定公開　　　更多功能
　　　　　　　預設是不設定

Suno 在創作音樂時,也自動給音樂名稱,此例是「回憶的琴聲」。這和筆者取的「懷舊回聲」不一樣,未來筆者會介紹更改音樂名稱的方法。讀者可以點選音樂圖示的 ▶ 鈕,播放音樂,播放的同時視窗下方會有音樂播放器,其畫面如下。

Repeat1　　　　　　　Autoplay
重複播放 1 次　　　　　自動播放

6-3-2　更多功能

每一首音樂右邊有圖示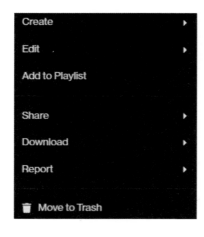，點選後畫面如下：

Create ▶	建立功能
Edit ▶	編輯功能
Add to Playlist	加入播放清單
Share ▶	複製與分享音樂連結網址
Download ▶	音樂用MP3, WAV, MP4下載
Report ▶	錯誤或不適當音樂可以由此回報Suno公司
🗑 Move to Trash	移到垃圾桶

❑ **Create 建立功能**

這個功能有 5 個子功能：

● Extend：延長音樂長度，可以參考 6-3-3 節。

● Reuse Prompt：使用相同的 Prompt，進入 Custom 設定模式，未來可以重新建立音樂。

● Cover Song(Beta)：目前這是 Beta 測試，只有付費用戶才可以使用。這個功能是將一首現有的歌曲改編成你想要的風格，相當於音樂風格的改變。這就像是請了一位 AI 音樂家，幫你重新演繹一首歌，讓它聽起來完全不一樣。

● Get Stems：目前只有付費用戶才可以使用此功能。簡單來說就是為用戶提供更大的音樂創作靈活性，允許用戶將生成的音樂分離為人聲和伴奏兩個獨立的音軌。這一功能特別適合音樂製作人和創作者，可以讓他們對音樂進行更精細的編輯和混音。此外，也可以應用此功能創作卡拉 OK 伴奏。

● Song Radio：簡單來說，就是將這首音樂變成隨機播放電台的一首曲目，這是一個讓你可以不斷聽取 AI 生成的各種音樂的「電台」。這個功能有點像是一個永無止境的音樂串流平台，但所有的音樂都是由 AI 即時生成的。當你在工作、學習或放鬆時，可以打開 Sound Radio，讓音樂陪伴你。

❑ **Edit 編輯功能**

這個功能有 2 個子功能。

● Song Details：你可以更改音樂標題 (Title)、音樂圖像和歌詞。

● Crop Song：裁減音樂長度。

6-3-3 Extend - 延伸音樂長度

所謂延伸音樂長度是，Suno 會在原始音樂外，增加新的音樂片段 (此片段稱 Part 2)，最後我們須將原始音樂與新增音樂組合起來。

請點選長度是 1 分 33 秒的「回憶的琴聲」的 Extend 鈕。或是點選右邊圖示，再執行 Create/Extend 功能。

會進入 Custom 設定模式，因為這是音樂沒有歌詞，所以請設定 Instrumental。往下捲動可以看到 Title 欄位是空白。

請點選 Extend 鈕，可以得到下列新增的音樂片段，目前標記 Part2。

生成音樂時間太短, 算是生成失敗, 主動退回點數

生成延伸音樂時間正常, 算是成功　　標記 Part 2

上述測試有一首曲目只有 2 秒鐘, 這是失敗的音樂, Suno 工具主動察覺, 同時出現 Credits Refunded 字串, 表示退回點數。我們可以點選右邊的圖示 ⁝, 執行 Move to Trash, 刪除此失敗的音樂。

另一個新增的音樂片段長度是 2 分鐘, 這是正常, 此新增的音樂稱 Part 2, 下一步是將此 Part 2 與原始「回憶的琴聲」組合, 請點選 Part 2 右邊的圖示 ⁝, 然後執行 Create/Get Whole Song 指令。

原先「回憶的琴聲」長度是 1 分 33 秒, 延伸的音樂是 2 分鐘, 組合後可以得到 3 分 33 秒的「回憶的琴聲」音樂, 同時標記這是 Full Song。

6-3-4 更改音樂名稱與更換音樂底圖

這一節是將長度為 3 分 33 秒的「回憶的琴聲」，更改名稱為「懷舊回聲」，同時用「懷舊回聲 .png」圖像取代預設的圖。請點選右邊的圖示█，再執行 Edit/Song Details 指令。首先請在 Title 欄位輸入「懷舊回聲」，然後點選 Add New Image 鈕，可以參考下方左圖：

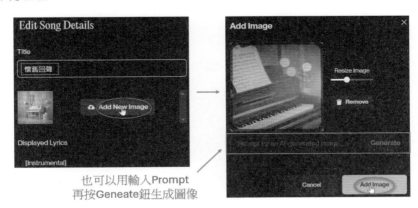

也可以用輸入Prompt
再按Geneate鈕生成圖像

圖像可以用 Prompt 生成，也可以載入現成的圖像。請將 ch6 資料夾的「懷舊回聲 .png」圖像拖曳至圖像框，可以參考上方右圖，請按 Add Image 鈕。

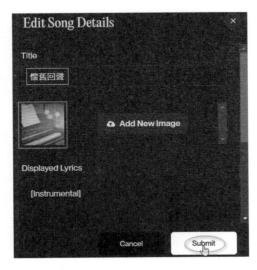

上述請點選 Submit 鈕，可以得到圖像和音樂名稱更改的結果。

6-3-5　音樂下載

點選懷舊回聲右邊的圖示 ⋮，再執行 Download，可以選擇音樂下載格式。筆者已經將此「懷舊回聲」音樂的 MP3、WAV 與 MP4 下載到 ch6 資料夾，讀者可以測試。

在 Video 指令下方是 Regenerate Video 指令，這是重新生成 Video 音樂，

6-4　創作歌曲 Prompt 實例參考

創作歌曲需要靈感，本節提供 3 大類，含中英文標題與 Prompt 實例供讀者參考。

6-4-1　歌曲情境 - 都市男女的生活情感

❑ 歌曲名稱 - 忙碌中的孤單 (Loneliness in the Hustle)
   ● 中文 Prompt：寫一首關於在城市生活中忙碌不已，卻感到孤單的歌曲，傳達出矛盾的情感。
   ● 英文 Prompt：Write a song about feeling lonely amidst the hustle and bustle of city life, capturing the emotional contradiction.

❑ 歌曲名稱 - 地鐵上的陌生人 (Strangers on the Subway)
   ● 中文 Prompt：創作一首描述在地鐵上與陌生人擦肩而過，卻感覺到瞬間連結的歌曲。

- 英文 Prompt：Create a song about passing strangers on the subway and feeling a brief, unspoken connection.

☐ 歌曲名稱 - 霓虹燈下的愛情 (Love Under the Neon Lights)
- 中文 Prompt：寫一首關於在都市霓虹燈下，兩個人找到彼此的愛情故事。
- 英文 Prompt：Write a song about two people finding love under the neon lights of the city.

6-4-2　歌曲情境 - 浪漫夜晚

☐ 歌曲名稱 - 星光下的愛語 (Love Under the Stars)
- 中文 Prompt：創作一首表達浪漫情感的情歌，描述在星光下戀人之間的甜蜜對話。
- 英文 Prompt：Write a romantic love song describing sweet conversations between lovers under the stars.

☐ 歌曲名稱 - 溫柔的晚風 (Gentle Night Breeze)
- 中文 Prompt：創作一首關於晚風吹過臉頰，喚起愛情記憶的抒情歌。
- 英文 Prompt：Create a ballad about the night breeze brushing against your face, evoking memories of love.

☐ 歌曲名稱 - 晚安，我的愛 (Goodnight, My Love)
- 中文 Prompt：寫一首告別夜晚的安靜情歌，傳遞給心愛的人一個溫暖的晚安。
- 英文 Prompt：Write a quiet love song bidding goodnight to a loved one, filled with warmth and tenderness.

6-4-3　歌曲情境 - 城市喧囂

☐ 城市之聲 (Voices of the City)
- 中文 Prompt：創作一首關於城市生活的歌曲，展現在人群與車流中找到自己節奏的心情。
- 英文 Prompt：Write a song about city life, showing how one finds their rhythm amidst the crowds and traffic.

❏ **夜晚的步伐 (Steps of the Night)**

- 中文 Prompt：寫一首描述在夜晚的城市中，步伐伴隨心跳跳動的歌曲。
- 英　文 Prompt：Create a song about walking through the city at night, where every step echoes with your heartbeat.

❏ **燈火熄滅 (When the Lights Go Out)**

- 中文 Prompt：創作一首關於城市燈火熄滅後，沉默中藏有故事的抒情歌曲。
- 英文 Prompt：Write a ballad about the stories hidden in the silence when the city lights go out.

6-5 創作中文歌曲

6-5-1 AI 應用文字 Prompt 創作歌曲

請點選左側的 Create 標籤，進入創作環境，然後在 Song description 欄位輸入「創作一首關於晚風吹過臉頰，喚起愛情記憶的抒情歌」。

請按 Create 鈕，可以得到下列 Suno 創作 2 首歌曲的結果，同時 Suno 為歌曲命名「晚風吹拂」。

播放鈕　　　　　進入歌曲頁面

讀者可以點選播放鈕，試聽創作的歌曲。

6-5-2　歌曲頁面

在歌曲列表中點選歌曲名稱，可以進入該歌曲的頁面，同時看到歌曲的歌詞。例如：點選「晚風吹拂」標題，可以得到下列結果。

上述右邊是 Suno 自動推薦的歌曲，你創作的歌曲播放完後，會自動播放 Suno 推薦右邊的歌曲，讀者可以自行分析比較。

6-5-3　認識 Suno 創作歌曲的結構

如果往下捲動可以看到完整的歌詞，每一段歌詞上方有英文名詞。例如：可以看到 Verse、Verse 2、Chorus、Verse 4、Bridge 和 Chorus 等。

在 Suno 等音樂創作軟體中，歌曲被分割成不同的段落，每個段落都有特定的名稱，代表著不同的音樂結構和功能。以下我們來一一解析這些名稱：

- Verse（段落）
  - 意義：歌曲的主體部分，通常用來敘述故事、表達情感或傳達主題。
  - 特點：旋律相對簡單、節奏較為穩定，歌詞內容較為豐富。
  - 功能：建立歌曲的基礎，承載歌曲的主要訊息。
- Chorus（副歌）
  - 意義：歌曲中最抓耳、最容易記住的部分，通常是整首歌的高潮。
  - 特點：旋律較為強烈、節奏較為鮮明，歌詞內容重複性高，易於傳唱。
  - 功能：突出歌曲的主題，增加歌曲的記憶點。
- Bridge（橋段）
  - 意義：連接不同段落，為歌曲增加轉折和變化。
  - 特點：旋律、和聲、節奏等元素與其他段落有所不同，起到過渡的作用。
  - 功能：讓歌曲增加轉折，結構更加豐富，避免單調。
- Verse 2, Verse 3
  - 意義：第二段、第三段，與第一段 Verse 的結構和功能相似。
  - 特點：旋律可能會有變化，但整體風格保持一致。
  - 功能：延續歌曲的主題，進一步豐富歌曲內容。

這些段落名稱的意義總結：

- Verse：歌曲的主體，敘述故事。
- Chorus：歌曲的高潮，易於傳唱。
- Bridge：連接不同段落，增加變化。
- Verse 2, Verse 3：與 Verse 1 相似，但內容有所不同。

　　為什麼要分段？因為將歌曲分為不同的段落，可以讓歌曲的結構更加清晰，更容易被聽眾理解和記憶。不同的段落可以表達不同的情感、描繪不同的場景，讓歌曲更加豐富多彩。舉個例子：

　　「想像一首情歌，Verse 部分可能描述兩人相遇的場景，Chorus 部分表達對愛情的憧憬，Bridge 部分則描述失戀的痛苦。透過這樣的段落安排，歌曲就能完整地表達出一個故事。」

　　此外，在歌曲創作中會有 Outro(尾奏)，功能是旋律逐漸淡出，或者加入一些特殊的音效，營造出開放式的結尾。由於 Suno 創作的歌曲尾奏沒有歌詞，所以歌詞列表中不會看到尾奏。

6-5-4　深智公司極光之旅歌曲創作

　　深智公司將在 2025 年 11 月到冰島自駕旅行，筆者輸入 Prompt 如下：

上述點選 Create 鈕後，點開歌曲後可以得到下列結果。

點選歌曲標題，可以得到下列歌曲畫面，讀者可以參考 ch5 資料夾。

筆者敬佩 Suno 公司提供歌曲的創作環境，不過用 Suno 創作中文歌曲缺點是，部分中文發音咬字不是太準確或是太清楚，不過相信隨著 AI 進步，未來可以改良。

6-5-5　Get Stems - 人聲與伴奏音樂的音軌分離

這是有購買 Pro Plan 才有的功能，可以將歌曲的人聲與伴奏音樂的音軌分離。例如：點選「極光之旅」歌曲右邊的圖示 ，然後執行 Create/Get Stems 後，可以得到新增加「極光之旅 - Vocals」(人聲) 和「極光之旅 - Instrumental」(伴奏聲) 的結果。

經過上述執行後，我們可以說：

● 極光之旅 – Vocals：是沒有伴奏的清唱。

● 極光之旅 – Instrumental：是卡拉 OK 的伴奏。

如果讀者沒有購買專業版，可以用第 1 章介紹的 PopPop AI 工具完成此工作，細節可以參考 10-2 節。

6-5-6　Cover Song – 歌曲風格轉變

　　這是有購買 Pro Plan 才有的功能，可以將歌曲更改風格。例如：點選「極光之旅」歌曲右邊的圖示，然後執行 Create/Cover Song 後，將進入 Custom 設定模式，可以參考下方左圖。請往下捲動視窗在 Style of Music 欄位，讀者可以選擇適當的歌曲風格，此例選擇 Rock(搖滾)，如下：

　　上述點選 Create 鈕後，就可以建立 Rock 版本的「極光之旅」歌曲。

6-5-7　播放 MP3/WAV 或 MP4

　　在 Windows 作業系統的媒體播放器播放 MP3/WAV 檔案時，無法看到歌詞與歌曲封面，讀者點選 ch6 資料夾的 MP3/WAV「極光之旅」檔案後，可以參考下方左圖。但是播放 MP4 檔案時，可以看到歌詞與歌曲封面，可以參考下方右圖。

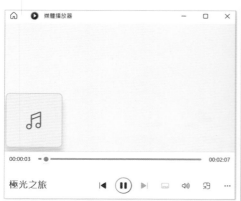

6-6 創作英文歌曲

6-6-1 應用 Need Ideas 創作英文歌曲

　　6-2-3 節筆者有介紹 Suno 的「Need Ideas? - 創作靈感」功能，這是為創作英文歌曲提供的靈感。下列是應用 Vacation 靈感，適度輸入主題的結果。

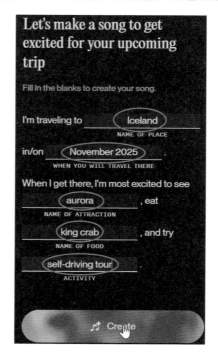

　　點選 Create 鈕後，可以創作 2 首英文歌曲，歌曲名稱是 Iceland Adventure，坦白說不管是旋律或是歌詞，皆比中文歌曲要好，讀者可以在 ch6 資料夾看到執行結果。下列是點開 Iceland Adventure 後，獲得的畫面。

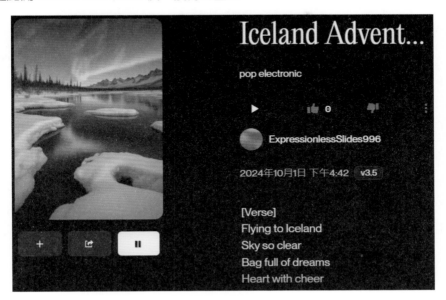

6-6-2　自訂 Custom 打造自己的歌曲

　　請在 Create 創作環境點選 Custom，這時需要輸入下列欄位資料：

● Lyrics：歌曲內容

● Style of Music：歌曲類別

● Title：歌曲名稱

　　視窗畫面比較長，筆者分割成 2 欄如下：

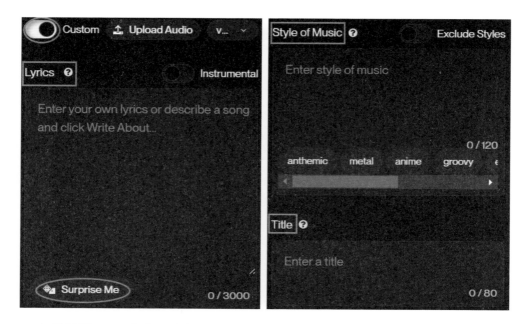

如果點選 Lyrics 欄位下方的 Surprise Me，Suno 會自行生成歌詞，讀者可以自行測試。

6-7 編輯與裁剪歌曲

編輯歌曲需要 2 個步驟：

1. 執行 Edit/Song Details 編輯歌曲歌詞、歌曲封面或是歌曲名稱，可以參考 6-7-1 節。

2. 執行 Create/Reuse Prompt，此步驟相當於將前一步驟的歌詞重新生成歌曲，可以參考 6-7-2 節。

6-7-1 編輯歌曲

請點選 6-5-4 節創作的「極光之旅」歌曲，右邊的圖示 ▌，然後執行 Edit/Song Details，可以進入 Custom 設定的創作環境。下方左圖是原始歌詞，下方右圖是更改歌詞的結果。

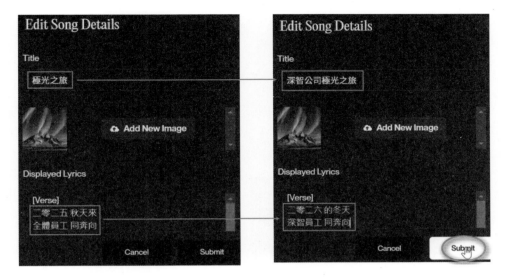

上述點選 Submit 鈕後，再回到歌曲列表，可以得到歌曲名稱已經更改了。

點選歌曲名稱，檢視歌詞可以看到歌詞也更改成功了。

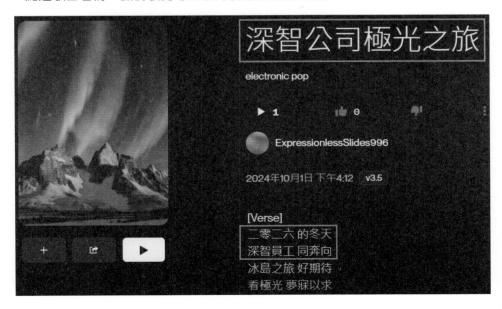

但是播放歌曲時，所唱的仍是舊歌詞歌曲，因為上述只是更改歌詞，沒有重新生成歌曲。

6-7-2　用相同的 Prompt 重新生成歌曲

在 Suno 工具，用描述文字生成歌曲後，歌曲的歌詞就變成是 Lyrics 欄位的歌詞。例如：筆者點選前一小節創作的「深智公司極光之旅」歌曲，右邊的圖示█，然後執行 Create/Reuse Prompt，可以進入 Custom 設定的創作環境。

上方右圖是左圖往下捲動的結果，請點選 Create 鈕，這時可以重新生成新歌詞的歌曲。

上述歌曲的 MP3、WAV 與 MP4 檔案可以在 ch6 資料夾內看到。

6-7-3 裁剪歌曲

不論是一首音樂或是一首歌曲，我們可以用 Edit/Crop Song，執行裁剪。點選任一首歌曲或音樂右邊的圖示，然後執行 Edit/Crop Song，請再點選 Crop 鈕，可以進入裁剪模式，可以參考下圖。

此時可以拖曳要保留的部分，要保留部分的歌詞在視窗右邊會用紅色顯示。

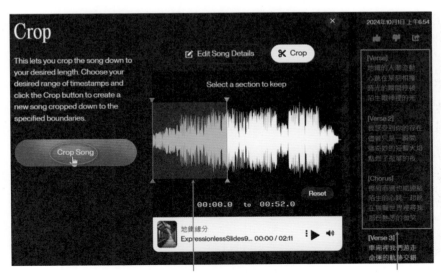

拖曳選擇要保留部分　　　　　　　　　　紅色顯示

上述點選 Crop Song 鈕，就可以執行裁剪歌曲或音樂。

6-8 創作迷因歌曲

迷因歌曲（Meme Songs）是指那些因為幽默、搞笑或文化現象而在網路上流行起來的歌曲，通常伴隨著搞笑的圖片或影片在社交媒體和影片平台上迅速傳播。這類歌曲的旋律簡單易記，歌詞通常充滿幽默感，或者與某個網絡迷因（Meme）結合，因而成為社交媒體的熱門內容。

6-8-1 迷因歌曲的特點

- 幽默或搞笑：迷因歌曲的內容常常帶有搞笑元素，讓人容易記住並在社交平台上廣泛流傳。

- 簡單易記：這些歌曲的旋律通常比較簡單，便於人們在短時間內學會，並進行改編或模仿。

- 與文化現象相關：迷因歌曲經常與某些社交或文化現象緊密相關，可能是對某些事件、名人、網絡梗的幽默反應。

- 二次創作：迷因歌曲的流行性來自於用戶的二次創作，經常會被不同平台上的創作者拿來改編，並加入新元素。

迷因歌曲可以來自原創音樂或現有歌曲，經過幽默的改編或巧妙的應用而走紅。它們既能娛樂觀眾，也成為了網絡文化中的一部分。

6-8-2 迷因歌曲在背景音樂中的應用

迷因歌曲常被用作背景音樂，特別是在短視頻平台（例如：TikTok、Instagram Reels 和 YouTube Shorts）上。由於這些歌曲自帶的幽默感和娛樂性，它們能增強影片的吸引力並迅速引發觀眾的共鳴。

- 增強影片效果：迷因歌曲能與影片的搞笑或誇張情節很好契合，增強影片的娛樂效果。

- 吸引觀眾注意：由於迷因歌曲本身已經在網絡上流行，使用這類音樂能迅速吸引觀眾的注意力。

- 便於記住影片：熟悉的迷因歌曲讓觀眾更容易記住影片，並有助於影片的分享。
- 引發共鳴和互動：當觀眾聽到他們熟悉的迷因歌曲時，通常會產生共鳴，進而增加影片的互動性。

6-8-3　創作迷因歌曲 -「上班族日常」

使用 Suno 創作迷因歌曲時，需在下列 3 個欄位輸入 Prompt：

- 歌詞 (Lyrics)
  - 貼近網路流行語：融入時下最夯的網路用語、梗圖或事件，能快速引起共鳴。
  - 簡潔有力：迷因歌曲的歌詞通常簡短有力，容易記憶。
  - 重複性高：重複的歌詞能增加歌曲的洗腦程度，讓聽眾不自覺哼唱。
  - 反差萌或意外性：將看似不搭的元素結合在一起，或是加入意想不到的轉折，能產生出幽默效果。
- 音樂風格 (Style of Music)
  - 簡單易懂：選擇節奏感強、旋律簡單的曲風，例如：電子舞曲、流行音樂或嘻哈。
  - 洗腦旋律：旋律要具有強烈的辨識度，容易讓人記住。
  - 意外轉折：在歌曲中加入一些意想不到的轉折，例如突然的音量變化或風格轉換，能增加趣味性。
- 標題 (Title)
  - 直接點出主題：標題要能清楚表達歌曲的主題，讓聽眾一目了然。
  - 使用網路用語：融入網路流行語，增加標題的趣味性。
  - 簡短有力：標題不宜過長，要能快速吸引注意。

筆者創作主題是「上班族日常」，Lyrics 欄位輸入如下：

Style of Music 欄位輸入「Hip-hop」(嘻哈)，Title 欄位輸入「上班族日常」，點選 Create 鈕後，可以得到下列結果。

讀者可以在 ch6 資料夾看到「上班族日常 .mp3」(wav 和 mp4)。

6-9　歌曲視覺化

6-9-1　歌曲 Prompt 生成圖像

實例 1：「霓虹燈下的愛情」圖像。

> 請依據下列一首歌曲情境創作圖像，圖像請增加音樂脈動感覺。
>
> 寫一首關於在都市霓虹燈下，兩個人找到彼此的愛情故事。

實例 2：「忙碌中的孤單」圖像。

> 請依據下列一首歌曲情境創作圖像，圖像請增加音樂脈動感覺。
>
> 寫一首關於在城市生活中忙碌不已，卻感到孤單的歌曲，傳達出矛盾的情感。

實例 2：「冰島之旅」圖像。

> 請依據下列一首歌曲情境創作圖像，圖像請增加音樂脈動
> 感覺。
> 2025年11月深智公司慶祝6周年慶, 全體員工將到冰島旅
> 行, 看極光, 吃帝王蟹, 自駕旅行, 請依此創作一首歌

6-9-2 創作冰島之旅專輯封面

> 我創作了一系列極光之旅的歌曲，你可以為此設計專輯封
> 面嗎，封面必須有標題「Aurora Trip of Iceland」，整體
> 設計需有音樂感

第 7 章

AI 影片製作 Runway

　　想像一下，只要輸入一段文字或上傳一張圖片，就能自動生成一段生動的影片，這不再是科幻電影的場景，而是 AI 技術帶來的現實。

　　隨著人工智慧的快速發展，文字、圖片生成影片的技術日益成熟。這項技術不僅大幅降低了影片製作的門檻，也為內容創作者開闢了無限的可能性。從行銷廣告、教育訓練到藝術創作，都能看到這項技術的身影。

7-1 AI 影片基礎知識

　　「文字轉影片 (Text-To-Video) 或圖像轉影片 (Image-To-Video)」這個聽起來有點科幻的概念，如今已不再遙不可及。透過 AI 技術，我們可以將文字描述或圖片轉換成生動的視覺內容。想像一下，你只需輸入「一隻可愛的貓咪在草原上奔跑」，或是「在公園拍攝的可愛貓咪照片」，AI 就能為你生成一段活潑的動畫。這類由 AI 生成的影片，我們可以直接稱 AI 影片。

7-1-1　AI 影片的優點

　　將文字轉換為影片的技術，隨著人工智慧的發展，已經越來越成熟。這項技術不僅大幅降低了影片製作的門檻，也為各行各業帶來了許多新的可能性。

❏　**效率提升**

- 節省時間：不再需要耗費大量時間進行腳本撰寫、場景搭建、拍攝剪輯等繁瑣的工作。
- 快速迭代：可以快速根據需求調整影片內容，提高工作效率。

❏　**成本降低**

- 減少人力物力：無需聘請大量的專業團隊，降低製作成本。
- 減少實體場景搭建：可以透過 AI 生成虛擬場景，節省場地租借等費用。

❏　**創意無限**

- 打破傳統限制：不受限於實體場景和演員的限制，可以實現天馬行空的創意。
- 個性化內容：可以根據不同的受眾需求，生成個性化的影片內容。

❑ 門檻降低

- ● 操作簡單：即使沒有專業的影片製作經驗，也能輕鬆上手。
- ● 擴大參與群體：讓更多人能夠參與到影片創作中。

7-1-2 AI 影片的應用

AI 影片應用場景多元，從行銷廣告到教育訓練，都能看到 AI 的身影。它正改變我們製作和消費影片的方式。

❑ 內容行銷

- ● 產品介紹：將產品特色用生動的影片呈現，提高產品吸引力。
- ● 品牌故事：透過影片講述品牌故事，建立品牌形象。
- ● 社群媒體：生成短影片，增加社群互動。

❑ 教育訓練

- ● 教學影片：將複雜的知識點轉化為簡單易懂的動畫。
- ● 模擬訓練：提供虛擬的訓練場景，提高學習效果。

❑ 娛樂產業

- ● 遊戲開發：生成遊戲中的動畫場景和角色。
- ● 電影製作：用於概念驗證、特效製作等。

❑ 藝術創作

- ● 動畫短片：創作獨特的動畫作品。
- ● 互動藝術：打造沉浸式的互動體驗。

❑ 虛擬實境

- ● 虛擬世界：生成逼真的虛擬場景。
- ● 虛擬人物：創建個性化的虛擬角色。

7-2　影像生成神器 Runway

Runway 是一款 AI 創意工具，功能非常多，這一章主要是介紹這款工具下列 5 個功能。

- 文字生成影片
- 圖像生成影片
- 文字 + 圖像生成影片
- 影片生成影片
- 建立唇形同步影片

7-2-1　進入 Runway 網站

讀者可以用搜尋，或是下列網址，進入 Runway 網站。

https://runwayml.com/

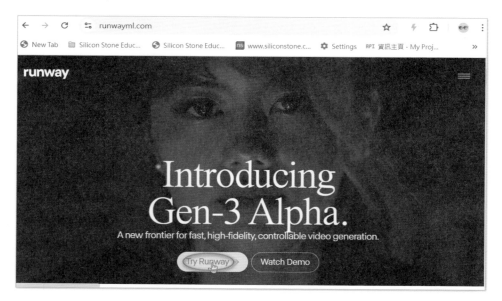

上述點選 Try Runway 鈕，可以進入 Runway 網站。如果你尚未註冊需要先註冊，如果已經註冊會要求選擇帳入登入。

7-2-2　正式進入 Home 環境

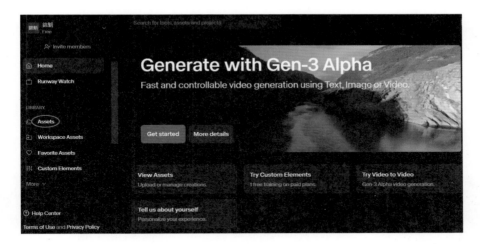

　　畫面中央顯示目前最新的 AI 影片生成模型，點選 Get started 鈕，可以進入創作 AI 影片環境。上述環境左邊有 Assets 標籤，點選可以看到個人創作的影片。

7-2-3　認識 Runway 的功能

　　在 Home 標籤環境，視窗往下捲動可以看到 Runway 的 AI 功能列表。

讀者可以由上述列表選擇要應用的 AI 功能。

7-3 影片創作環境

7-3-1　認識創作環境

參考 7-2-2 節的視窗畫面，點選 Get started 鈕。或是參考 7-2-3 節的視窗畫面，點選 Generative Video。皆可以進入下列影片創作畫面：

選擇 AI 模型　　　　可拖入圖像或影片　　　　　　　剩餘點數　　　　付費升等

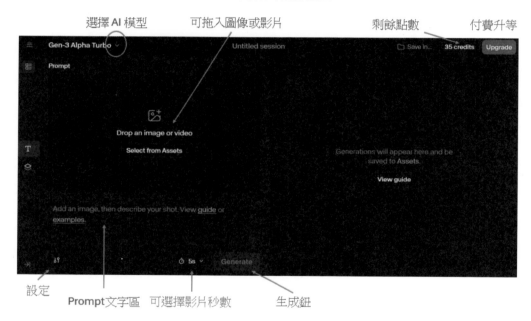

設定　　Prompt文字區　可選擇影片秒數　　　生成鈕

目前 Runway 提供 3 種創作影片的 AI 模型。

- Gen-3 Alpha Turbo：這是預設，也是號稱最快的 AI 模型，可以選擇生成 5 或 10 秒影片。此模型不支援文字生成影片。

- Gen-3 Alpha：畫質最清晰的影片生成，付費版才可以使用，此模型有支援文字生成影片。

- Gen-2：多模態影片生成，可以生成 4 秒影片。如果要用文字生成影片需使用此模型。

上述是 Gen-3 Alpha Turbo 的創作環境，左下方有設定 (Settings) 圖示 ，點選可以看到下列畫面：

讀者可以選擇 Aspect ratio(畫面比例)、Fixed seed(種子植)，如果要刪除 Runway 的浮水印需要 Upgrade 版本。Resolution(解析度) 顯示，影片解析度是 720。

7-3-2　升級付費 Upgrade

點選 Upgrade 後，可以看到各項付費規則：

非專業人員初次使用，要購買升級，建議採用每月支付即可，筆者是購買 15 美元。如果覺得好用，確定常常需要才採用年支付策略。

7-4 圖像生成影片

進入圖像生成影片 Generative Video 環境，預設是在 Gen-3 Alpha Turbo 模式。請上傳 ch7 資料夾的 river_boat.png 後，此圖像長寬比例超出，請拖曳圖像到適當位置，顯示圖像的重點，請參考下方左圖，然後按 Crop 鈕執行裁剪。

上方右圖的 First(Last)，是告知當作第一張 (最後一張) 圖像幀。

7-4-1　創作影片 - 圖像 + Prompt

在 Gen-3 Alpha Turbo 模型預設是生成 10 秒影片，Runway 的 AI 模型上傳圖像後，如果沒有輸入文字 Prompt，AI 模型也可以自行判斷產生影片。

實例 1：建立「小橋流水、輕舟」影片，筆者輸入下列英文的 Promt，請參考上方右圖。

Prompt：「The boat slowly drifts on the water, while the willow tree branches sway gently in the breeze.」(船隻在水面上輕輕滑行，柳樹枝葉隨風輕輕搖擺。)

上述按 Generate 鈕後，可以在右邊視窗框框得到下列 MP4 的影片結果。

下載　喜歡

擴展影片　　唇語同步　　編輯

　　AI 生成的影片畫質清晰流暢，動作自然，河流、柳樹和木船的細節逼真，光影變化優美，整體氛圍寧靜且富有真實感，完美捕捉了水鄉的靜謐與古樸。上述影片已經下載到 ch7 資料夾的 river_boat_runway.mp4。

　　生成影片下方有 3 個編輯功能：

● Extend：可以擴展影片，點選後會看到要求輸入擴展部分的 Prompt。

● Lip Sync：如果影片有人臉，會找尋人臉，此例沒有人臉。

● Edit time：可以進入影片裁剪、速度和反轉 (Reverse) 設定環境。

　　此外，視窗右上方有 □ Save in... 圖示，在離開此環境前可以點選此，將影片儲存在 Runway 的個人 Assets 內。

實例 2：音樂符號影片，請上傳 music.png 影片，同時輸入 Prompt：「a colorful music background with musical notes and piano keys」（充滿色彩的音樂背景，伴隨著音符和鋼琴鍵。）。

上述按 Generate 鈕後，可以得到下列影片，結果存入 music_runway.mp4。

7-4-2　生成影片 - 圖像 (省略 Prompt)

　　請上傳 ch7 資料夾的 hung_eagle.jpg，請選擇生成 5s，Prompt 區不要輸入任何文字。點選 Generate 鈕後可以得到下方右圖。

一張靜態圖像，成了一段影片，感受到在城市天際線的背景下，老鷹展翅振動，翅膀擺動栩栩如生，力量與自由感呼之欲出。旁邊的男子微笑注視著這壯麗的瞬間，場景動態逼真。上述影片儲存在 ch7 資料夾的 hung_eagle_ranway.mp4。

7-4-3　影片生成影片

所謂的影片生成影片，這是一個創意的設計，我們可以：

- 風格轉換：你可以將一段影片上傳到 Runway，並選擇一個特定的風格或藝術家。AI 會分析你的影片，並將其轉換成具有新風格的影片，例如：將真實影片轉換成卡通風格、油畫風格等等。

- 特效添加：你可以為影片添加各種特效，例如：慢動作、快動作、老電影效果、未來感特效等。

- 影片編輯：Runway 可以幫助你對影片進行更精細的編輯，例如：調整顏色、對比度、亮度，甚至可以移除不需要的物體或背景。

- 影片生成：基於你上傳的影片，Runway 可以生成新的影片片段，例如：生成影片的延續部分、或是根據影片內容生成新的故事。

- 創意探索：Runway 提供了一個平台，讓使用者可以自由地探索不同的影片風格和效果，激發創造力。

　　ch7 資料夾有 lhasa.mp4，載入後需要裁剪影片，然後可以看到下列畫面：

　　請輸入 Prompt：「Add aurora effect」(加入極光效果)。請點選 Generate 鈕後，可以得到下列結果。

　　可以看到增加了極光，可參考 lhasa_runway.mp4。

7-5　文字生成影片

文字生成影片功能，如果使用免費版本只能選擇 Gen-2 模型。如果使用付費版，則可以使用最新的 Gen-3 Alpha 版本，下列是生成主題是「美國音樂夢想青年」的影片。

Prompt：「American independent comic style: A young man who loves music leaves his hometown to pursue his musical dreams in a big city. There, he meets a variety of people and experiences numerous setbacks and challenges. The visuals can depict the passionate atmosphere of musical performances, as well as the difficulties the protagonist faces in his journey to follow his dreams.」(美式獨立漫畫風格：一個熱愛音樂的青年，為了追尋自己的音樂夢想，背井離鄉來到大城市。他在這裡遇到了形形色色的人，經歷了各種挫折和挑戰。畫面可以呈現出音樂表演的熱情氛圍，以及主角在追夢過程中所遇到的困難。)

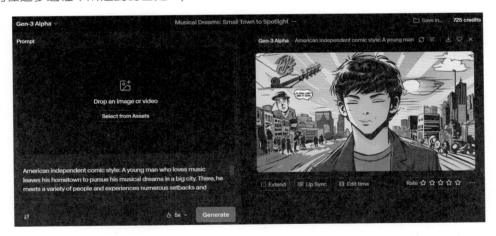

筆者感覺 Runway 的強項是生成影片，對於文字生成影片，整體效果仍有很大的改良空間。

7-6　建立唇形影片

Runway 的 Lip Sync Video 功能允許用戶將靜態圖像或影片與音頻結合，生成能夠同步嘴部動作的影片。這一功能使得用戶可以創建生動的角色，讓其「說話」，從而增強視覺內容的吸引力。功能目的：

● 生成對話影片：用戶可以上傳一張人臉圖像或影片，並配上音頻，使角色看起來在說話。

● 多樣化音頻選擇：支持多種音頻來源，包括現有的語音錄音、文本轉語音生成的音頻，以及用戶自錄的語音。

● 自定義角色：用戶可以選擇不同的面孔，無論是靜態圖像還是影片，以創建獨特的角色。

7-6-1　建立單人唇形影片

請點選 Lip Sync Video 功能，進入此環境，請拖曳 ch7 資料夾的 typhoon.png 圖像檔案，進入工作區後，頭像會被自動偵測，可以參考下方左圖。請輸入 Prompt：「Hello everyone, a typhoon is currently hitting Taiwan and is about to make landfall in southern Taiwan. Please stay updated on the typhoon's latest developments.」(大家好，目前颱風侵襲台灣，即將在台灣南部登陸，請持續關注颱風動態消息。)

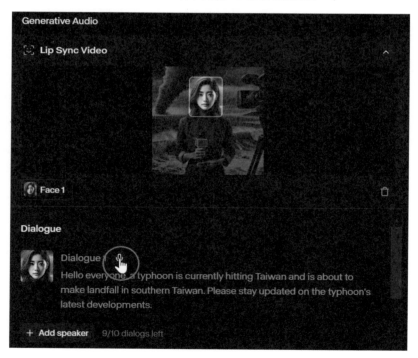

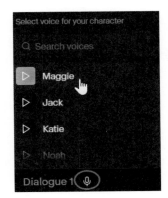

註 聲音部分也可以用上傳音訊檔案。

　　請點選麥克風圖示 🎤 ，這是要選擇發音員，此例筆者選擇 Maggie，可以參考上方右圖，可以得到下列結果。

請按 Generate 鈕，就可以生成播報颱風消息的影片。

上述檔案已經儲存在 ch7 資料夾的 typephoon_runway.mp4。

7-6-2　建立多人唇形影片

請拖曳 ch7 資料夾的 typhoon2.png 圖像檔案，進入工作區後，2 個頭像會被自動偵測。

請點選 Dialogue 1 麥克風圖示🎤，然後選 Maggie，同時輸入 Prompt：「Hello John, please let me know the current typhoon situation in your area.」(John 你好，請告訴我目前你哪邊的颱風狀況)。

要增加第 2 個頭像發音，需點選 Add speaker 圖示，增加 Dialogue 2 框，表示這是第 2 個發音者框，最多可以有 10 個發音者框。

請點選 Dialogue 2 麥克風圖示🎤，然後選 Frank，同時輸入 Prompt：「Thank you, Maggie. Currently, there are heavy rain and strong winds fiercely striking the coast.」(感謝 Maggie，目前狂風暴雨，強風奇襲海岸)。

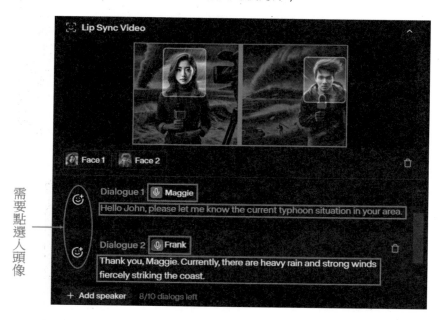

請點選 Dialogue 左邊的圖示☺，為每一段 Dialogue 選擇發音的人頭像，可以得到下列結果。

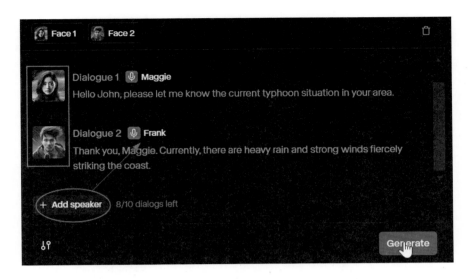

點選 Generate 鈕後，就可以生成播報颱風的 AI 影片。

7-6-3 用中文播報颱風報導

在前一小節的實例中，筆者使用文字，讓發音員依照文字發音，目前 Runway 只支援英文發音，如果要用中文發音，需要我們自己錄音上傳。未來筆者會介紹 AI 語音的知識，現在先用已經錄製好的聲音上傳。在 Lip Sync Video 建立環境，你會看到 upload audio 超連結，請點選。

Dialogue 1 🎤
Start typing or 🔊 **upload audio** to generate Lip Sync video.

你會看到聲音檔案（目前有支援 wav、mp3 或 mp4 格式）拖入工作區，請參照指示工作。ch7 資料夾有 Maggie.mp3 和 John.mp3，請分別載入，將可以看到下列結果。

請按 Generate 鈕後，可以得到中文發音的影片。

上述影片右上方有圖示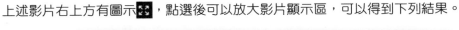，點選後可以放大影片顯示區，可以得到下列結果。

7-6-4　攝影棚主播與記者 - 連線即時新聞報導

Runway 的 Diaplgue 最多可以有 10 段對話，我們可以應用此功能，設計畫面有多人分別對話。請將 ch7 資料夾的 news.png 上傳到 Lip Sync Video 的工作環境，這時可以偵測到 3 個頭像。然後設計下列對話。

　　捲動 Dialogue 可以看到 4 段對話錄音，順序分別是 Maggie2.mp3、Laura.mp3、Maggie.mp3 和 Johh.mp3。註：9-4-1 節會介紹如何建立 AI 語音。

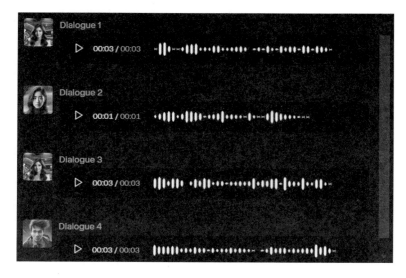

　　請按 Generate 鈕後，可以得到下列 Typhoon_News.mp4 的結果。

7-7 建立颱風新聞報導專輯封面

我寫了一章內容是"AI影片製作 - Runway", 其中用了上傳的圖像news.png,
建立了攝影棚主播與記者的即時新聞報導, 請應用此觀念繪製此報導內容的
專輯封面, 背景圖請更強調此專輯是颱風的報導

第 8 章

AI 導演夢工場
探索更多影片生成工具

接續上一章對 Runway 的深入探討，我們將目光轉向 AI 影片生成領域的其他強大工具：Pika、Genmo、Haiper 和 Sora。 這些工具各具特色，為創作者們提供了更多元的選擇。無論你是想快速生成短影片、製作精緻動畫，還是探索前沿的 AI 藝術，都能在這些平台上找到適合的工具。

8-1　Pika - 創作超現實特效影片

Pika 1.5 於 2024 年 10 月 1 日正式推出，帶來了多項重大升級和新功能。這一版本強調了更高的真實感和創新的特效，稱為「Pikaffects」，使得用戶能夠創造出更加生動和奇特的影片效果。值得嘉許的是，Pika 有支援中文輸入。

8-1-1　Pika 1.5 和 1.0 版的差異

Pika 1.5 和 Pika 1.0 之間有顯著的差異，主要體現在功能、效果和用戶體驗上。以下是兩者的主要區別：

❏　特效和功能

- Pika 1.5 引入了名為 Pikaffects 的新特效，這些特效允許用戶對影片中的物體進行奇特的變形，如「膨脹」、「爆炸」、「壓扁」和「融化」等，這些效果打破了物理定律，增強了影片的視覺吸引力。
- Pika 1.0 則沒有這些高級特效，主要集中在基本的影片生成和編輯功能上。

❏　運動控制

- Pika 1.5 提供了更真實的動作控制，包括跑步、滑板和飛行等自然動作，並新增了多種攝影技巧，如 Bullet Time、Vertigo 和 Dolly Left 等，以創造更具電影感的畫面。
    - Bullet Time：子彈時間（指的是一種特殊效果，通常使用多台攝影機環繞拍攝對象，並在後期合成，讓畫面中的動作似乎在靜止中緩慢移動）
    - Vertigo：眩暈效果（也稱為杜林效果，通過鏡頭拉遠或拉近同時移動攝影機，製造出背景與前景分離的視覺錯覺）
    - Dolly Left：左側移動（指的是使用滑軌或移動攝影機向左平移拍攝）
- Pika 1.0 的運動控制相對簡單，未能達到同樣的真實感。

❏　用戶界面和操作

● Pika 1.5 設計了更直觀的用戶界面，適合所有年齡層用戶使用，並支持多種語言輸入，包括中文。

● Pika 1.0 雖然也有簡易操作，但在功能上不如新版本豐富。

❏　生成信用和定價

● 在定價方面，兩者的訂閱價格保持不變，但生成每五秒影片所需的信用點數在 Pika 1.5 中提高至 15 點，反映出新模型對資源的需求增加。

● Pika 1.0 仍然可供付費用戶使用，但某些功能如 Lip Sync 和 SoundFX 仍然與 1.0 版本綁定。

❏　影片質量

● Pika 1.5 生成的影片質量更高，並且能夠創建高達五秒的高品質片段，適合需要專業效果的創作者。

● Pika 1.0 則主要集中於基本影片生成。

總結來說 Pika 1.5 在特效、運動控制、用戶體驗和影片質量等方面都有顯著提升，使其成為一個更強大的 AI 影片生成工具。

8-1-2　進入 Pika、認識環境與費用說明

讀者可以用搜尋，或是下列網址進入 Pika：

https://pika.art/home

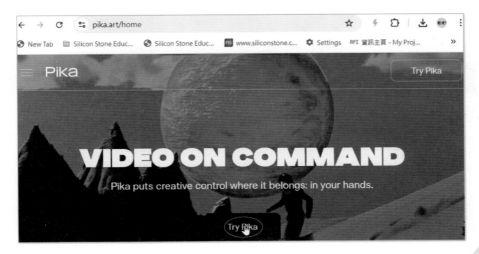

點選 Try Pika 鈕，如果尚未註冊會先要求註冊。註冊完後，可以進入下列網址：

https://pika.art/

這個網址可以看到系列特效，文案中文意義是「更逼真的動作、大畫面拍攝，還有令人驚嘆的 Pikaffects 特效，如爆炸、融化、膨脹等。馬上開始使用 1.5 版本，試試一個 Pikaffect 吧！」。

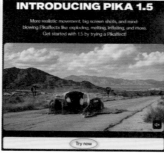

點選特效畫面下方的 Try now 鈕，可以進入下列畫面：

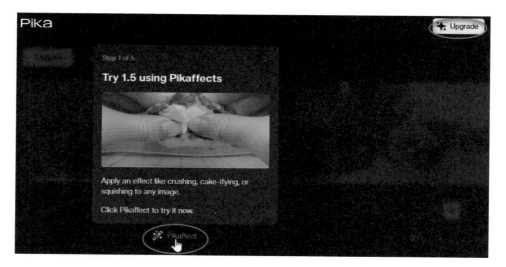

❑　費用說明

如果點選視窗右上方的 Upgrade 鈕，可以看到費用說明，下表是重點說明。

免費	10 美元 / 月	35 美元 / 月
150 點生成影片 / 月	700 點生成影片 / 月	2000 點生成影片 / 月
使用 Pika 1.5	使用 Pika 1.5 和 1.0	使用 Pika 1.5 和 1.0
可下載浮水印影片	快速生成	更快速生成
	可下載無浮水印影片	可下載無浮水印影片
	購買更多影片循環播放的額度	購買更多影片循環播放的額度

❏　**Pika 特效操作**

　　上述特效左上方有「Step 1 of 5」，表示共有 5 個步驟現在是步驟 1。點選特效下方的 Pikaffects 超連結，可以進入步驟 2。

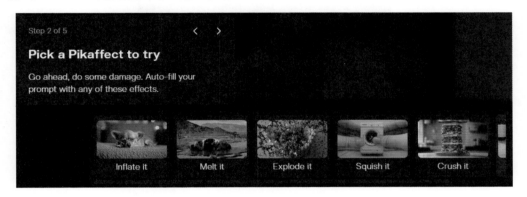

　　上述是說「來吧，展現你的威力！使用這些特效自動填充你的提示詞」，從上述可以看到下列 5 個特效，這些特效都能打破物理定律，增強影片的創意和趣味性。

● Inflate it(膨脹)：這個功能的目的在於將影片中的主體進行膨脹效果，讓物體看起來像氣球一樣被充氣，從而創造出奇特的視覺效果。

● Melt it(融化)：這個功能允許用戶將影片中的物體變成液態的效果，創造出一種物體逐漸融化的視覺效果。

● Explode it(爆炸)：這個功能允許用戶將影片中的物體進行爆炸效果，創造出物體突然分裂或破碎的視覺效果。

● Squish it(壓扁)：這個功能允許用戶將影片中的物體進行壓扁效果，創造出物體被壓縮的視覺效果。

● Crush it(壓碎)：這個功能允許用戶將影片中的物體進行壓碎效果，創造出物體被強力壓迫或破碎的視覺效果。

讀者可以點選任一個特效，就可以進入步驟 3，上傳圖像。

上述是說明，「Pikaffects 在圖像中央有明顯單一主體時效果最佳」。讀者可以解讀為主題明確時，效果最好。此外，如果省略上傳圖像，也可以有驚奇的效果。

點擊下方的 Image 鈕，可以上傳你自己的圖片。

8-1-3　Inflate it 膨脹的企鵝

前一小節點選 Image 鈕後，請選擇 ch8 資料夾的 penguin.jpg，這一小節要測試膨脹的企鵝。

這是上傳的圖像　　　　這是 Prompt 區　　　　Generate鈕　　　刪除圖像鈕

　　因為在上傳圖像前事先點選 Inflate it 功能，所以 Prompt 區預設是「Inflate it」。我們可以在 Prompt 區輸入影片生成方式，剛開始學習建議使用預設，請按 Generate 鈕 ✦。筆者購買每月 10 美元 (否則要等待更久)，上傳圖像後等待時間約 5 分鐘，正式生成影片時間約 3 分鐘，才獲得結果。

重新生成

重新寫Prompt

可建立資料夾同時將影片儲存在指定的資料夾

　　只要將滑鼠游標移到上述視窗區塊，就可以看到企鵝膨脹的畫面，算是一個有創意與趣味的效果。下列是企鵝膨脹的示範畫面，然後會往上漂浮。

右上方有下載鈕，ch7 資料夾的 penguin_inflate.mp4，就是此動畫的結果。

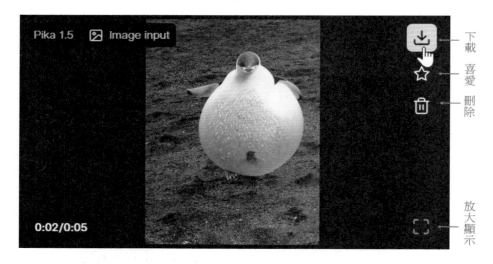

8-1-4　Melt it 融化比薩斜塔

融化比薩斜塔，請點選 Melt it 功能，然後上傳 tower.jpg。

請點選 Generate 鈕 ✦，可以得到下列比薩斜塔融化過程。

執行結果儲存至 tower_melt.mp4。

8-1-5 Explode it 爆炸金門高粱酒瓶

爆破金門高粱酒瓶，請點選 Explode it 功能，然後上傳 wine_bottle.jpg。

請點選 Generate 鈕 ✦，可以得到下列金門高粱酒瓶爆破過程。

執行結果儲存至 wine_bottle_explode.mp4。

8-1-6　Squish it 壓扁莒光樓

壓扁莒光樓，請點選 Squish it 功能，然後上傳 building.jpg。

請點選 Generate 鈕 ✦，可以得到下列莒光樓被壓扁的過程。

執行結果儲存至 building_squish.mp4。

8-1-7　Crush it 壓碎古羅馬競技場

壓碎古羅馬競技場，請點選 Crush it 功能，然後上傳 colosseum.jpg。

請點選 Generate 鈕 ✦，可以得到下列古羅馬競技場被壓碎的過程。

執行結果儲存至 colosseum_crush.mp4。

8-1-8　圖像用創意的 Prompt 生成影片

我們也可以上傳圖像，用自己的 Prompt 生成影片，下列是上傳 gondola.jpg，輸入 Prompt：「一艘貢多拉船緩緩穿梭在威尼斯狹窄的運河間，船夫用槳輕推水面，兩旁是古老的建築倒映在波光粼粼的水中。」的畫面。

點選 Generate 鈕 ✦ 後，可以得到下列結果。

執行結果儲存至 gondola.mp4。

8-1-9　文字生成影片

Pika 也允許沒有上傳圖像時，我們自行輸入文字 Prompt 生成影片，下列是筆者輸入 Prompt：「一隻企鵝像氣球一樣膨脹」，執行 2 次分別生成的「企鵝膨脹 1.mp4」和「企鵝膨脹 2.mp4」影片，讀者可以參考 ch8 資料夾。

8-1-10　Pika 1.0 的 AI 能力探索

點選視窗下方的圖示 　1.5 ，可以顯示 Pika 版本切換功能表。

從描述可以看到 Pika 1.0 具有經典模型與特徵，操作介面則多了比較多的控制項。

隨機生成Prompt

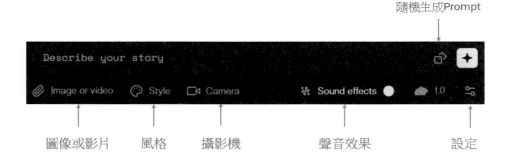

圖像或影片　　風格　　攝影機　　　　聲音效果　　　　設定

❏　**Style**

可以使用預設風格，也可以點選用不同風格，下列是選擇實例。

❏　**Camera**

Pan、Tilt、Rotate 和 Zoom 是 4 種基本的相機運動控制方式。

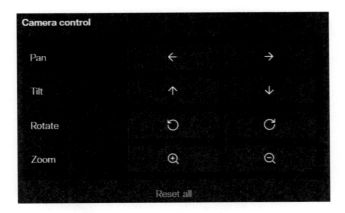

以下是這些功能的控制畫面：

● Pan：使相機在水平方向上移動。

　■ Pan Left：向左平移。

　■ Pan Right：向右平移。

● Tilt：使相機在垂直方向上移動，通常用於調整視角。

　■ Tilt Up：向上俯仰。

　■ Tilt Down：向下俯仰。

● Rotate：使相機圍繞其中心點旋轉。

　■ Rotate Clockwise：順時針旋轉。

　■ Rotate Counterclockwise 或 Anti-clockwise：逆時針旋轉。

● Zoom：主要是指相機的放大和縮小功能。這一功能允許用戶在生成影片時調整視角，從而增強視覺效果。

　■ Zoom In（放大）：將相機移近主體，使畫面中的細節更加清晰。

　■ Zoom Out（縮小）：將相機移遠主體，提供更廣闊的視野。

❏ **Sound effects**

增加聲音效果。

❏ **Settings**

影片生成的細項設定。

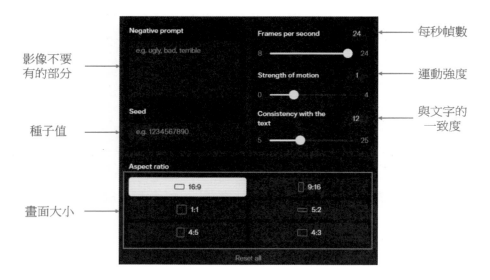

上述幾個重要欄位意義如下：

● Frames per second(FPS)：每秒幀數，指的是影片播放的幀率，這直接影響影片的流暢度和質量。

　■ Pika 1.0 的預設 FPS 為 24，這是電影和高品質影片的標準幀率。較高的 FPS 使得快速動作場景顯得更加平滑，而較低的 FPS 則可能導致畫面顯得顫動或不連貫。

　■ 創意選擇：用戶可以根據影片內容的需求和風格自由調整 FPS，以達到最佳的視覺效果。

● Strength of Motion：運動強度，指的是相機運動的強度或程度。這個參數允許用戶調整相機在生成影片時的運動效果，從而影響畫面的動感和視覺效果。

　■ 範圍：運動強度通常設置在 1 到 4 之間。數值越高，運動效果越強烈，畫面中的移動和變化也會更加明顯。

　■ 使用效果：「強度 1 是預設值」，提供較為平穩的運動效果。「強度 4」則會使相機的運動更加劇烈，可能會導致畫面顯得更加動態和生動。

● Consistency with the Text：與文字的一致度，是指生成的影片內容與用戶輸入的文字描述之間的一致性程度。這個參數的設置會影響 AI 如何解讀和執行文字提示。

■ 指導性尺度：這個參數作為一個指導尺度，數值越高，生成的影片與文字描述的對應程度越強。

■ 預設值：預設設置通常為 12，這是許多用戶在創作過程中選擇的標準值。

■ 調整效果：設置較高的值（如 25）可能會導致生成的內容過於誇張或不真實。設置較低的值（如 5）有時會產生意想不到的良好效果。

下列是生成影片的實例畫面的 Prompt：「美麗的女記者颱風天氣在海邊報導新聞」

按 Generate 鈕後得到下列結果。

經過測試感覺 Pika 對於文字生成圖像的精緻化能力，相較於 OpenAI 公司的 DALL-E，還是弱了一些，不過相信 Pika 公司會逐步改良。

8-2 Genmo - 創作影像故事

Genmo 是一款強大的 AI 動畫生成工具，為我們開啟了一扇通往創意世界的大門。只需簡單的文字描述或圖片，Genmo 就能自動生成生動有趣的動畫，讓你的奇思妙想化作流暢的視覺盛宴。無論你是經驗豐富的動畫師，還是對動畫充滿熱情的初學者，Genmo 都能成為你創作的得力助手。

8-2-1　進入 Genmo 視窗環境

讀者可以用搜尋，或是下列網址進入 Genmo 環境。

https://www.genmo.ai/

Genmo 視窗環境單純，進入後可以看到下列畫面：

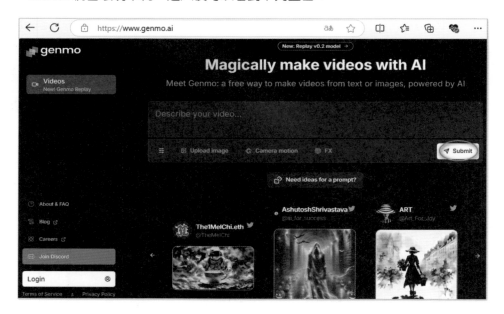

從上述可以看到可用 Discord 環境使用 Genmo，不過本節主要是用視窗環境建立影片。上述畫面好像告知可以直接輸入 Prompt，再按 Submit 鈕，就可以生成影片。其實初次使用按 Submit 鈕後，會需要註冊。

8-2-2　文字生成影片

下列是生成主題是「美麗女記者海邊報導颱風動態」的影片。

Prompt：「A beautiful female reporter is reporting the news by the seaside during a typhoon.」(美麗的女記者颱風天氣在海邊報導新聞)

為您的影片增添奇幻、夢幻效　　　隨機 Prompt
果FX預設不支援圖片上傳

上述有關 Camera motion 參數觀念與 Pika 工具 8-1-10 內容用法一樣。FX 則是可以為影片增添奇幻、夢幻效果，將在下一小節說明。此例，請按 Submit 鈕後，可以得到下列結果。

將滑鼠游標移到影片，可以在右下方浮水印上看到隱藏功能圖示：

複製Prompt ──────▶  ◀────── 回報問題

影片評分

影片下方可以看到 Download、Share 和 Delete 功能，相信讀者應該熟悉，點選 View 可以看到下列畫面：

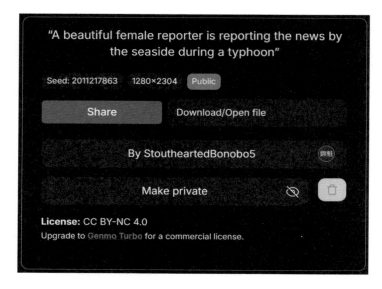

上述可以看到生成此影片的 Prompt，種子值，影片大小、分享、下載、帳號、私人展示功能，同時告知需升級 Genmo Turbo 版才可以有商業使用。

❏ 帳號名稱更改

上述筆者名字那一欄是帳號，這是可以更改的，回到主畫面點選 See all your generations，將看到下列帳號畫面：

請點選 Change，可以看到原先帳號名稱，筆者改為「Jiin_Kwei」。

點選 Save 鈕，回到主視窗就可以看到帳號名稱更改的結果。

Jiin_Kwei's profile   Change

❏ 費用說明

上述如果點選 Genmo Turbo 超連結，可以看到費用說明。

免費	10 美元 / 月
每天 100 點	每天 1000 點
有浮水印	沒有浮水印
產品版權規則是 BY-NC 4.0	優先使用新 AI 模型

8-2-3　文字生成影片 - FX 參數的應用

FX 功能是用來為生成的視頻添加預設的動態特效。這些特效可以從微妙到顯著，幫助用戶增強視頻的視覺吸引力和情感表達。點選 FX 後，可以再點選 Preset(特效選項)，有下列選項可以應用在影片：

● Flower：這個特效可能會使畫面呈現出花朵盛開或飄動的效果，增添生動的自然感。

● Warp Speed Long：這個特效模擬快速運動的效果，讓畫面看起來像是在高速移動，通常用於創造科幻或動感場景。

● Warble：這個特效可能會使畫面出現輕微的扭曲或波動效果，增強視覺上的趣味性。

● Whirl Grow：此特效可能會使物體在旋轉的同時逐漸放大，創造出一種動態增長的視覺效果。

● Ninja：這個特效可能會添加快速、靈活的運動效果，模擬忍者般的敏捷感。

● Star Spin：此特效可能會使畫面中的星星或其他物體旋轉，增添夢幻或奇幻的氛圍。

● Double Star：這個特效可能涉及到雙重星星的旋轉或閃爍效果，增強視覺層次感。

● Whirl：此特效簡單地使畫面中的物體進行旋轉，增強動感。

● Wheel：這個特效可能會模擬車輪轉動的效果，使畫面看起來像是在移動。

● Tunnel：此特效可能會創造出隧道視覺效果，讓觀眾感受到向前移動的深度感。

● Spiral：這個特效將物體以螺旋形狀運動，增加視覺上的吸引力和動態感。

這些 Preset 選項為用戶提供了多樣化的視覺效果，使得生成的視頻更加生動和有趣。下列是生成主題是「可愛小狐狸在竹林中嬉戲」的影片。Prompt：「一隻可愛的

小狐狸在竹林中嬉戲，周圍飄著輕柔的花瓣。」，請先設定 FX 鈕的 Preset 是 Flower。

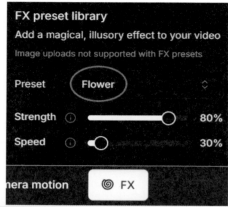

按 Submit 鈕後，可以得到下列結果。

8-2-4 圖片生成影片

圖片生成影片的重點是，上傳圖片後，用文字描述動作或風格。或是讓 AI 依據圖片情境自動生成影片。此例筆者點選 Upload image 後，上傳 ch8 資料夾的 music.png。

Genmo 會依據圖像自動生成影片動作的 Prompt：「a colorful music background with musical notes and piano keys」(充滿色彩的音樂背景，伴隨著音符和鋼琴鍵。)，筆者使用預設，請點選 Submit 鈕，可以生成影片，下列影片的部分畫面結果。

8-3 Haiper - 有 Template 輔助的 AI 影片生成工具

Haiper 是一家位於倫敦的 AI 研究與產品公司，部分成員來自英國的 Google Deepmind 公司。公司相信技術的角色是為創意注入能量，因此雖然產品是 Beta 版，但是已經有特色的展現人類的創造力。

　　Haiper AI 的最大特色確實在於其 Templates 功能。這一功能使得用戶能夠選擇預設的模板，快速生成高質量的影片。使用者只需輸入文字描述或上傳圖片，系統便能根據選定的模板自動調整風格和內容，簡化了創作流程。

　　相較於其他文字生成影片的 AI 工具，Haiper 的模板提供了更直觀的操作體驗，讓即使沒有技術背景的用戶也能輕鬆上手。此外，這些模板涵蓋了多種主題和風格，滿足不同創作需求，使得內容生成更加高效和多樣化。

8-3-1　進入與認識 Haiper 網站

　　讀者可以用搜尋，或是下列網址進入網頁：

　　https://haiper.ai/home

　　上述點選 Try For Free 鈕後，會有註冊過程，然後才可以進入創作環境。

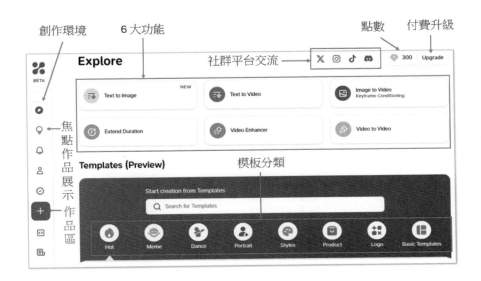

功能介紹

Haiper 有 6 大功能：

- Text to Image：文字生成圖片。

- Text to Video：文字生成影片。

- Image to Video：圖片生成影片。

- Extend Duration：延長影片時間。

- Video Enhancer：影片效果加強。

- Video to Video：影片生成影片。

相較於目前市面上的 AI，最大特色是有模板 (Template)，我們可以將模板功能，導入創作的影片內。

創作風格

相較其他 AI 生成影片工具更卓越的是，此 Haiper 可以在生成影片時，點選下方的風格圖示 ![icon]，選擇影片風格，有下列風格可以選擇。

Realistic(現實主義)

Watercolor(水彩畫)

Arcane(神秘)

Old Film(老電影)

Cyberpunk(賽博朋克)

Lego(樂高)

Blur Background(模糊背景)　　　　　Ghibli(吉卜力)

Steampunk(蒸汽龐克)　　　　　　　Impressionism(印象派)

❑ **費用說明**

如果點選視窗右上方的 Upgrade 鈕，可以看到費用說明，下表是重點說明。

免費測試版	10 美元 / 月	30 美元 / 月
每天 5 個創作	無限制	無限制
每月 300 點	每月 1500 點	每月 5000 點
最多有 3 部影片生成中	最多有 3 部影片生成中	最多有 10 部影片生成中
創作影片有浮水印	創作影片有浮水印	創作影片沒有浮水印
禁止商業用途	禁止商業用途	可商業用途

8-3-2　Text to Video - 文字生成影片

下列是建立「未來城市」影片的 Prompt：「A futuristic city skyline at dusk with flying cars, holographic ads lighting up the sky. The camera moves through busy streets filled with people in high-tech clothing, while a spaceship ascends in the background. Neon lights and skyscrapers dominate the scene.」(展示未來城市的天際線，黃昏時飛車疾駛，全息廣告點亮天際。鏡頭穿過高科技服飾的人群，背景中太空船緩緩升空，霓虹燈和摩天大樓佔據視野。)。

上述如果點選圖示 ⚙ ，可以一次設定右邊所有參數：

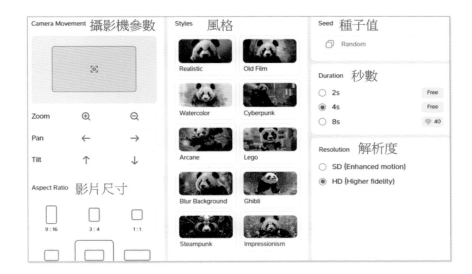

上述點選 Create 鈕後，可以得到下列結果。

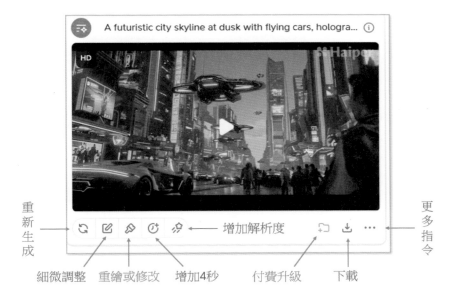

上述幾個重要功能觀念如下：

● 細微調整 (Vary Prompt)：會出現影片的 Prompt，你可以修改 Prompt，重新生成影片。

- 重繪或修改 (Repaint)：其實就是進入 Video to Video 工作模式，但是用這個影片當作重繪標的。

- 增加解析度 (Enhance)：進入 Video Enhancer 工作模式，但是用這個影片當作增強標的。

- 更多指令：分享 (Share)、刪除 (Delete)。和 Who can view，這可以設定私人或公開，其中升級至 Pro Plan 版才可以設為私人。

8-3-3　Image to Video – 圖片生成影片

Haiper 的 Imag to Video 功能特色是，允許我們放 3 張圖片：

- First frame image：影片開始的圖片。

- Middle frame image：影片中場時的圖片。

- Last frame image：影片終場的圖片。

另外，如果上傳多張圖片時，這 3 張圖片意境必須一致。此例，筆者用一張圖片生成。請上傳 ch8 資料夾的 magic.jpg 圖片。

上述筆者沒有輸入 Prompt，直接按 Create 鈕，讓 Haiper 自行發揮，結果如下。

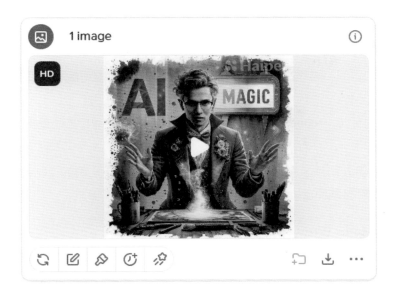

上述成功讓圖像變成影片，讀者可以看到魔術師前的煙火往上，魔術師的手部擺動，簡單的說這是一個成功的影片。

8-3-4　「圖像 + 模板」生成影片

Haiper AI 的模板 (Template) 功能 主要是提供使用者一個快速建立影片的起點。這些模板就像是預設好的影片框架，包含了基本的視覺風格、動畫效果、甚至是部分文字內容。使用者可以根據這些模板，快速地生成符合自己需求的影片，節省了大量的時間和精力。這是筆者第一次看到，應用模板生成 AI 影片，此功能的優勢：

● 快速上手：對於初次使用 Haiper AI 的使用者來說，模板是一個非常友善的入門方式。

● 多樣化的選擇：Haiper AI 提供了各種不同風格和主題的模板，滿足不同使用者的需求。

Template 的常見應用場景：

● 社交媒體影片：快速製作短影片，分享到社交平台上。

● 產品介紹影片：透過模板，快速生成產品介紹影片，提升產品曝光度。

● 教學影片：製作簡短的教學影片，幫助他人快速了解某個概念或操作流程。

- 個人 FB：製作個人 FB，分享生活點滴。

需要注意的是：

- 模板的限制：雖然模板可以快速生成影片，但靈活度可能不如完全從零開始製作。
- 模板的更新：Haiper 會不定時更新模板庫，建議使用者定期查看，以獲取最新的模板。

使用模板建立影片，主要步驟是上傳適當的圖片即可。例如：點選 Template 的 Meme(迷因) 類別有 Hug each other 模板，這是擁抱動作的影片。

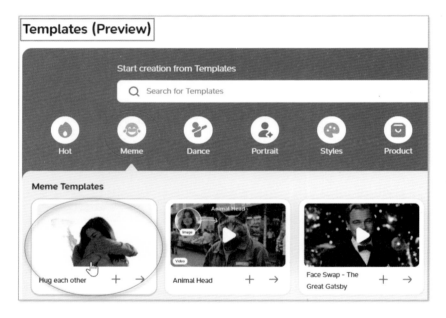

請點選此影片，可以進入下列畫面：

請點選 Use this template 鈕，將進入下列畫面：

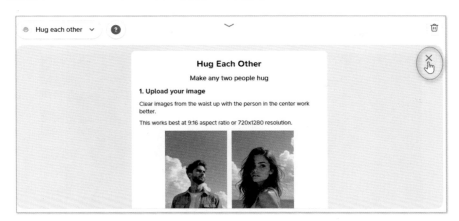

上述英文是先說明此影片，建議使用 9:16 比例的圖片尺寸或 720x1280 解析度。請點選右上方的關閉圖示 ✕，可以關閉此畫面。

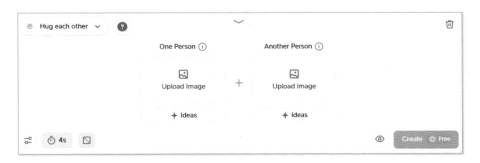

從影片可以知道，我們需上傳 2 張照片，如果暫時沒有想法，可以點選 Upload Image 下方的 Ideas 鈕，這時會列出系列人物讓你選擇。此例，筆者左邊選擇 ch8 資料夾的 boy.png，右邊選擇 girl.png，如下所示：

上述點選 Create 鈕，可以得到下列影片結果。

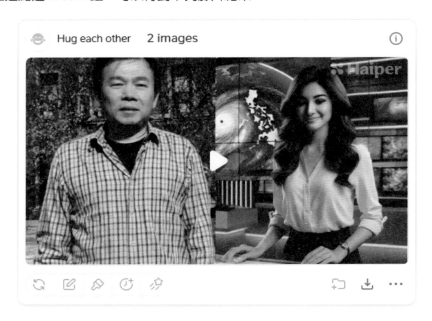

　　用模板建立影片，一切都變得很簡單。上述測試 Hug each other 模板，也是有缺點，男性的臉在轉身時非原始樣貌，表示 AI 在處理非正面角度的臉部影像有改良的空間，相信此功能會持續改進。

8-4 AI 影片的最強競爭者 Sora

　　Sora 是 OpenAI 於 2024 年 2 月推出的 AI 影片模型，它可以將文字描述或圖片轉換為長達 60 秒的 1080P 解析度影片，所創作的影片逼真且富有想像力，並包含以下特點：

- 高品質的影片：Sora 可以生成具有高分辨率、流暢幀率和逼真細節的影片。
- 多樣化的場景：Sora 可以生成包含多個角色、特定類型的運動以及主體和背景的準確細節的複雜場景。
- 創意的控制：Sora 可以根據用戶的指示生成具有特定風格、氛圍和情感的影片。

　　Sora 的推出標誌著人工智慧在影片生成領域的重大突破，它有可能徹底改變影片創作的方式，使任何人都能輕鬆創建高質量的影片內容。

以下是 Sora 的一些潛在應用：

- 教育：Sora 可以用於創建教育影片，例如：釋複雜的概念或演示歷史事件。
- 行銷：Sora 可以用於創建行銷影片，例如：產品展示或描述品牌故事。
- 娛樂：Sora 可以用於創建娛樂影片，例如：短片、音樂影片或遊戲影片。

Sora 仍處於早期開發階段，但它已經具有了巨大的潛力。隨著其的不斷發展，它將為影片創作提供更多新的可能性。註：2024 年 10 月 1 日時，Sora 還沒有開放大眾使用，但是 OpenAI 公司的官網已經展示一些由 Sora 直接生成的影片，讀者可以參考，了解 AI 影片未來的趨勢。

❏　時尚女子漫步東京街道

她穿著黑色皮夾克、長紅色連衣裙和黑色靴子，手拿黑色手袋。她戴著太陽眼鏡，擦著紅色口紅，自信而隨意地行走。街道潮濕且反射，彩色燈光在鏡面上閃爍，行人熙熙攘攘。(Prompt: A stylish woman walks down a Tokyo street filled with warm glowing neon and animated city signage. She wears a black leather jacket, a long red dress, and black boots and carries a black purse. She wears sunglasses and red lipstick. She walks confidently and casually. The street is damp and reflective, creating a mirror effect of the colorful lights. Many pedestrians walk about.)。

❑ 美麗雪白的東京城

美麗而雪白的東京城市正熙熙攘攘。攝影機穿梭於繁忙的城市街道，跟隨著幾位正享受著美麗雪景並在附近攤位購物的人。華麗的櫻花瓣隨著風飄揚，與雪花一起飛舞。(Prompt: Beautiful, snowy Tokyo city is bustling. The camera moves through the bustling city street, following several people enjoying the beautiful snowy weather and shopping at nearby stalls. Gorgeous sakura petals are flying through the wind along with snowflakes.)

在結束這節關於 Sora 的文章時，筆者不禁感受到一種興奮與期待的心情。Sora 代表著 AI 影片生成技術的一次重大突破，不僅為創作者提供了新的工具，也重新定義了我們對於內容創作的理解。隨著 AI 技術的發展，我們正站在一個全新的創作時代的門檻上，這不僅改變了我們的工作方式，也可能影響整個產業的格局。

然而，這樣的變革同時也帶來了挑戰。我們需要思考如何平衡技術進步與人類創意之間的關係，確保 AI 能夠成為我們的助力，而不是取代我們的靈感。在未來，AI 將繼續推動創意產業的發展，讓我們期待一個更具想像力和可能性的世界。

8-5 設計 AI 影片專輯封面

請用我上傳的「金門高粱酒」酒瓶圖片來創作一個「Explode it」的專輯
封面

第 9 章

TTSMaker
免費的 AI 語音

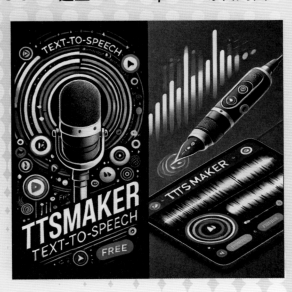

在數位內容創作的時代，文字轉語音 (TTS，Text-to-Speech) 技術正逐漸成為一個不可或缺的工具。TTSMaker 是一款強大的文字轉語音平台，能夠將文字轉換為自然流暢的語音，支持多種語言和情感表達。無論是用於影片配音、有聲書製作，還是教育培訓，TTSMaker 都能提供高品質的語音輸出。本文將探討如何有效利用 TTSMaker 進行文字轉語音處理，幫助您提升內容的吸引力和專業度。

9-1　進入 TTSMaker 官方網站

9-1-1　進入官方網站

讀者可以用搜尋，或是下列網址進入官方網站：

https://ttsmaker.com

這是一個不需註冊，非常友善的網頁。進入網頁後，將看到下列畫面：

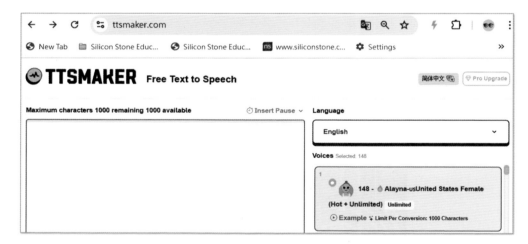

9-1-2　轉換成繁體中文環境

讀者可以用 Google 的「翻譯成中文 (繁體)」，就可以看到完整繁體中文環境。

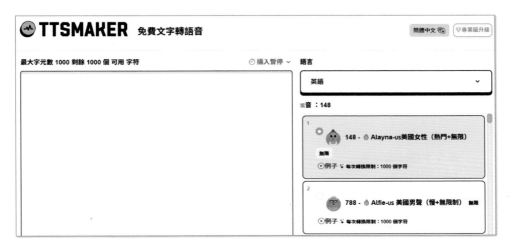

> **註** 使用 TTSMarker 工具是免費，使用時會看到一些 Google 廣告，如果升級至 Pro 版，就不會看到廣告。

9-2 官網說明

TTSMaker 官網有完整的使用說明，讀者可以捲動視窗探索。

9-2-1　免費與商業用途的說明

往下捲動網頁，可以看到官網聲明，「免費」、「多語言支援」、「商業用途完全免費」。

> TTSMaker是一款免費的文字轉語音工具，提供語音合成服務，支援多種語言，包括英語、法語、德語、西班牙語、阿拉伯語、中文、日語、韓語、越南語等，以及各種語音風格。您可以用它來朗讀文字和電子書，或下載音訊檔案以用於商業用途（完全免費）。作為一款優秀的免費TTS工具，TTSMaker可以輕鬆在線上將文字轉換為語音。

9-2-2　快速教學

快速教學

① 輸入文字

輸入需要轉換為語音的文字，每週免費限制20000個字符，部分語音支援無限制免費使用。

② 選擇語言和語音

選擇文字的語言和您喜歡的語音風格，每種語言都有多種語音風格。

③ 將文字轉換為語音

點擊「轉換為語音」按鈕開始將文字轉換為語音，這可能需要幾分鐘，較長的文字需要更長時間。若要調整語速和音量，您可以點選「更多設定」按鈕。

④ 收聽並下載

文字轉換為語音後，您可以在線上收聽或下載音訊檔案。

9-2-3　使用場景

使用場景

TTSMaker 的文字轉語音可用於以下主要用途。

視訊配音

YouTube 和 TikTok 語音產生器

TTSMaker作為一款AI語音產生器，可以產生各種角色的聲音，常用於Youtube、TikTok的視訊配音。為了您的方便，TTSMaker提供了多種TikTok風格的語音供免費使用。

有聲書閱讀

創作和收聽有聲書內容

TTSMaker 可以將文字轉換為自然語音，您可以輕鬆創建和欣賞有聲讀物，透過沉浸式敘述將故事帶入生活。

教育與培訓
語言教學

TTSMaker可以將文字轉換為聲音並大
聲朗讀,可以幫助您學習單字的發
音,並且支援多種語言,它現在已經
成為語言學習者的有用工具。

行銷與廣告
為影片廣告創作畫外音

TTSMaker 產生有說服力的畫外音,
以幫助行銷人員和廣告商透過高品質
的音訊向其他人解釋產品的功能。

9-2-4　工具特徵

特徵

快速語音合成
我們使用強大的神經網路推理模型,可以在短
時間內實現文字到語音的轉換。

免費用於商業用途
您將擁有合成音訊檔案 100% 的版權,並可
以將其用於任何合法目的,包括商業用途。

更多聲音和功能
我們不斷更新此文字轉語音工具以支援更多語
言和語音以及一些新功能。

電子郵件和 API 支援
</> TTSMaker API
我們提供電子郵件支援和文字轉語音 API 服
務。如果您在使用我們的服務時遇到任何問
題,請隨時透過電子郵件或透過我們的支援頁
面聯絡我們的支援團隊。

9-3　TTSMaker 文字轉語音的介面

TTSMaker 文字轉語音介面如下：

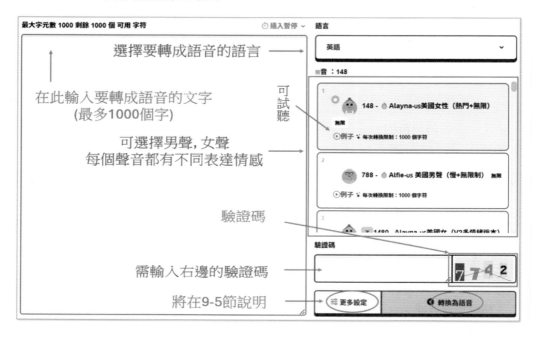

TTSMaker 工具使用時，第一步是在語言 (Language) 欄位，選擇要轉成語音的語言。當我們輸入一段文字後，接著是選擇發音員：

- 中文：有大陸不同省份的口音、香港口音、台灣口音、男聲音、女聲音，以及不同感情的口音可以選擇。
- 英文：有系列美國男聲、女聲，以及不同感情的口音可以選擇。
- 其他語言：觀念與上面一樣。

9-4　語音轉換實例與應用場景

9-4-1　語音轉換實例

網站的 Language 欄位預設是 English，點欄位右邊的圖示∨，然後執行「中文 – Simplified and Traditional Chinese」。

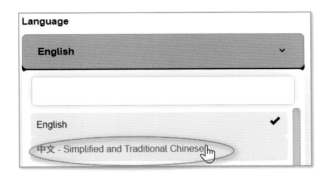

請輸入要轉語音的 Prompt 文字：「AI 應用在自動化、語音識別、數據分析、智能推薦等領域，提升效率並推動創新發展。」。

請選擇發音員，此例選擇「Az- 阿澤」。然後輸入驗證碼，此例是 9130。

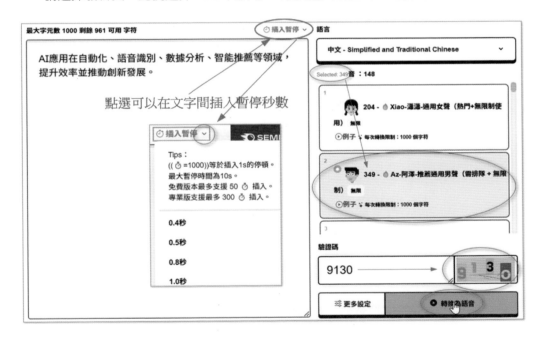

完成後請點選轉換為語音鈕，第一次使用會需要驗證你是人類，可以參考下方左圖。請點選進一步認證鈕，認證通過可以看到下方右圖。

請按 OK 鈕，就可以執行文字轉語音，成功後可以得到下列結果。

上述說明非常清楚，書籍 ch9 資料夾的 ttsmaker_az.mp3(az 是發音員的英文名稱代號) 就是上述下載的結果。

9-4-2　應用場景說明 – AI 新聞報導

7-6-4 節筆者有介紹用 AI 生成影片，內容是「攝影棚主播與記者 - 連線即時新聞報導」。要完成該節主播與外地記者對話，需要建立 3 段語音。讀者可以用 TTSMaker，選擇 3 個發音員建立 AI 語音，就可以完成該節影片的製作。

9-5　更多設定

在驗證鈕下方有更多設定鈕，點選此鈕後可以看到下列設定框，框太長，下列分成 2 欄顯示。

上述功能說明如下：

❑　嘗試聆聽模式：節省字元配額

主要用於節省字元配額。當您啟用此模式時，系統將僅轉換文字段落的前 50 個字元為語音。這對於讀者來說非常有用，因為在實際使用聆聽全部內容之前，先試聽前 50 個字生成的語音效果，以確保滿意度。這樣的設計使得用戶能夠更有效地利用其字元配額，特別是在測試不同文字段落或聲音風格時。

❑　**新增背景音樂：BGM 上傳與管理**

BGM 全文是 Background Music。此功能允許用戶將自己的音樂文件上傳並添加到生成的語音內容中。這個功能的主要作用包括：

● 增強聽覺體驗：透過添加背景音樂，用戶可以為語音內容創造更具情感和氛圍的效果，使最終產品更加引人入勝。

● 自定義選擇：用戶可以根據自己的需求選擇合適的音樂，無論是輕鬆的旋律還是激昂的曲調，都能提升內容的整體質感。

● 簡單操作：用戶只需在平台上上傳所需的背景音樂文件，然後將其整合到生成的語音中，操作直觀且方便。

這樣的功能使得 TTSMaker 不僅限於文字轉語音，還能創建更具表現力和吸引力的多媒體內容。點選 BGM 上傳與管理後，可以看到下列對話方塊，筆者下一章會有實例說明。

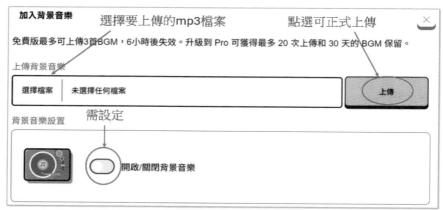

上述主要是上傳背景音效或音樂檔案，然後設為背景音樂，設定完後下方有 Save 鈕。

❑　**音訊檔案格式**

可以選擇音訊的檔案格式，目前選項會有圖示 ◉ 標記。

❑　**音訊質量**

預設是標準品質，檔案小，合成速度快。也可以點選高品質，檔案大，合成速度慢。

❏ **語音速度**

此功能允許用戶調整生成語音的播放速度。這個功能的主要作用包括：

● 自定義聽覺體驗：用戶可以根據內容的需求和聽眾的偏好，調整語音的快慢，使其更符合特定情境，例如快速解說或慢速敘述。

● 提高可理解性：對於某些複雜或技術性較強的文字，減慢語音速度可以幫助聽眾更好地理解內容。

● 靈活應用：無論是用於教育、廣告還是有聲書，調整語音速度都能提升內容的吸引力和效果，使其更具表現力。

❏ **語音音量**

此功能允許用戶調整生成語音的音量大小。這個功能的主要作用包括：

● 自定義音量：用戶可以根據需求調整語音的音量，以適應不同的播放環境或聽眾偏好。

● 提高可聽性：在某些情況下，增加音量可以確保聽眾能清楚地聽到內容，特別是在背景噪音較大的環境中。

● 靈活應用：無論是用於視頻配音、有聲書還是教育內容，調整音量都能提升最終生成的語音效果，使其更具吸引力和專業感。

❏ **音高調整**

此功能允許用戶改變生成語音的音高，以達到不同的聽覺效果。這個功能的主要作用包括：

● 自定義聲音特質：用戶可以根據需求調整語音的音高，使其聽起來更高亢或更低沉，從而增強語音的表現力。

● 適應不同場景：不同的內容可能需要不同的音高，例如，兒童故事可能使用較高的音高，而專業講座則可能選擇較低的音高。

● 改善可聽性：在某些情況下，調整音高可以使語音更易於理解，特別是在背景噪音較大的環境中。

❑　調整每段停頓時間

此功能允許用戶在生成的語音中插入停頓，以增強語音的可理解性和自然感。這個功能的主要作用包括：

- 增強語音流暢性：透過在特定段落之間插入停頓，用戶可以使語音聽起來更自然，避免語速過快造成的理解困難。

- 自定義停頓長度：用戶可以選擇停頓的秒數，最大可達 10 秒，並且免費版可以在單次轉換中插入最多 50 個停頓標記。

- 適應內容需求：根據文字的內容和情感需求，自由調整停頓位置和長度，可以使得語音更具表現力，適合不同的應用場景，如故事講述、廣告配音等。

付費的專業版則可以選擇，情緒調節和情緒強度。

9-6　建立 Text-To-Speech 專輯封面

> TTSMaker是一個免費的Text-To-Speech工具, 請為此工具生成圖像, 標題是"TTSMaker"

第 10 章

專案設計
AI 新聞連線報導

10-1 颱風侵襲記者連線報導

10-1-1　生成颱風的聲音

首先請讀者參考第 3-8 節的 Stable Audio 的建立 2 段 10 秒的音效檔案。

實　例 1：Prompt：「Please generate the sound of a powerful typhoon hitting the coast.」(請生成強烈颱風侵襲海岸的聲音)。

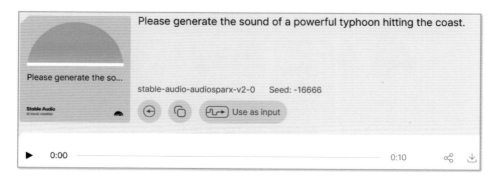

這個聲音下載到 ch10 資料夾的 typhoon_sound1.mp3。

實例 2：Prompt：「Please generate the sound of a powerful typhoon blowing against windows.」(請生成強烈颱風吹窗戶的聲音)。

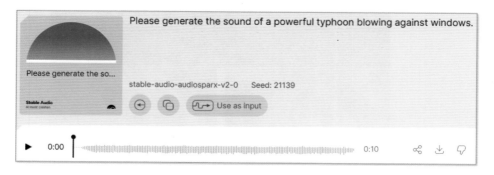

這個聲音下載到 ch10 資料夾的 typhoon_sound2.mp3。

10-1-2　錄製記者 John 的聲音

請選擇下列「發音員－家豪」：

John 的說話內容如下：

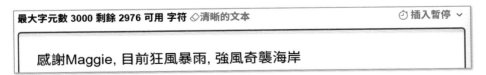

請點選更多設定鈕，請上傳 typhoon_sound2.mp3 檔案，上傳同時儲存成功後，：

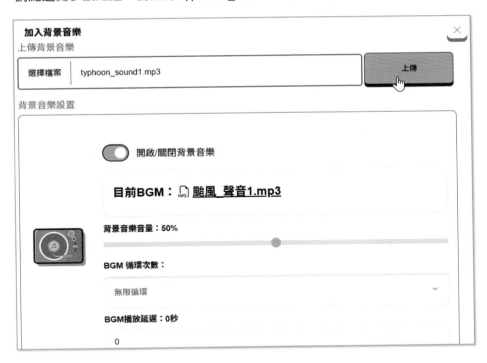

　　參考上述設定後，請按整個對話方塊下方的 save 鈕。(註：Google 網頁翻譯，翻譯 save 為節省（ 節省 ），翻得不好，應該是儲存。)

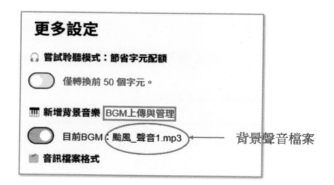

請點選轉換為語音檔案鈕後，可以得到記者聲音中背景是颱風侵襲海岸的聲音，筆者將此檔案儲存到 John.mp3。

10-1-3　錄製記者 Laura 的聲音

請選擇下列「發音員 – 雅婷」：

Laura 的說話內容如下：

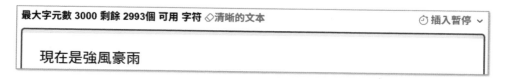

請點選更多設定鈕，請上傳 typhoon_sound2.mp3 檔案，整個畫面如下：

　　請點選轉換為語音檔案鈕後，可以得到記者聲音中背景是颱風吹窗戶的聲音，筆者將此檔案儲存到 ch10 資料夾的 Laura.mp3。

10-1-4　Runway 整合颱風新聞報導

　　請參考 7-6-4 節，不過更改 John 和 Laura 的聲音，整個畫面如下：

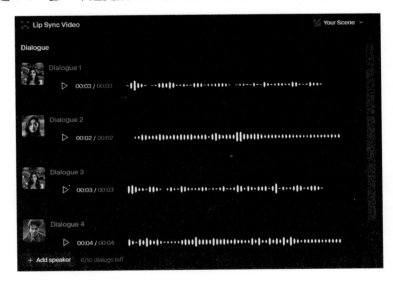

　　上述畫面和 7-6-4 節的第 2 張圖做比較，讀者只能從聲波圖，了解差異了。主要是 Laura 和 John 的聲音有了颱風侵襲的背景聲音。

執行結果用 Typhoon_Sound_News.mp4 儲存，播放時 Laural 和 John 記者的發音會有颱風的聲音。

10-2 PopPop AI 建立卡拉 OK

10-2-1 Karaoke Maker

6-5-5 節筆者敘述，購買 Suno 的 Pro Plan 才可以將歌曲的人聲與伴奏音樂的音軌分離，建立卡拉效果的人聲與伴奏聲音軌分離。其實第 1 章介紹的 PopPop AI 是免費，可以完成此功能。請開啟 PopPop 工具視窗，然後執行 AI Vocol Remover/Karaoke Maker 功能。

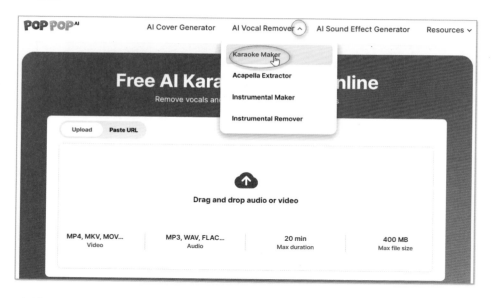

上述視窗描述可以將 MP3、MP4、... 系列檔案拖曳到工作區即可，此例，讀者可以拖曳 ch10 資料夾的「深智公司極光之旅 .mp3」檔案至工作區。可以得到下列執行結果：

- 人歌唱聲音：「深智公司極光之旅 _vocol.mp3」。
- 伴奏聲：「深智公司極光之旅 _instrumental.mp3」。

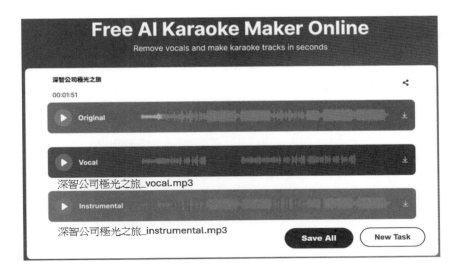

建議讀者分別播放上述歌曲，可以更近一步體會此功能。

10-2-2　AI Vocal Remover 標籤的其他功能

點選 AI Vocal Remover 標籤還可以看到其他 3 個功能：

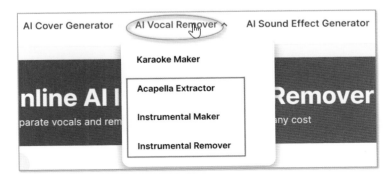

- Acapella Extractor：免費線上 AI 人聲提取器，可以從任何歌曲或影片中提取高品質的 MP3 人聲。
- Instrumental Maker：免費線上 AI 伴奏製作與生成器，輕鬆從任何音頻或影片中提取伴奏。
- Instrumental Remover：免費線上 AI 伴奏去除器，分離人聲並移除伴奏音軌，完全免費。

10-3　為 MP3 增加封面

在 Windows 用媒體播放器，播放「深智公司極光之旅 .mp3」封面是空白，可參考下方左圖。

我們可以使用線上「https://tagmp3.net/」網站，為 mp3 增加封面，請參考上方右圖，請進入此網站。

請拖曳 ch10 資料夾的「深智公司極光之旅 .mp3」檔案，到上述工作區。

從上述看到目前此 mp3 沒有封面，請點選 Browse 鈕，然後選擇 ch10 資料夾的 trip.png。

請捲動視窗到下方，可以看到 Done! Generate New Files 鈕。

請點選 Done! Generate New Fiels 鈕。

讀者可以下載上述檔案，原檔案名稱前方會有「tagmp3_」，點選播放後，可以得到有封面的 mp3 檔案。

10-4 刪除圖像或是 MP4 的浮水印

請搜尋「vmake ai」字串，請點選 Video Watermark Remover，可以進入 vmake 網站。

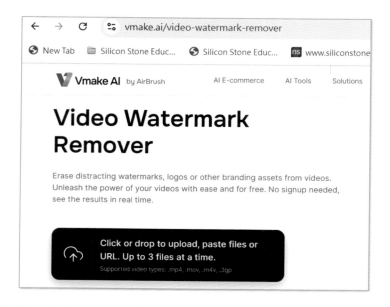

請上傳檔案，這是完全 AI 化的浮水印刪除程式，只要將要刪除的影片拖曳至工作區就可以了，工具會自動搜尋浮水印然後刪除。

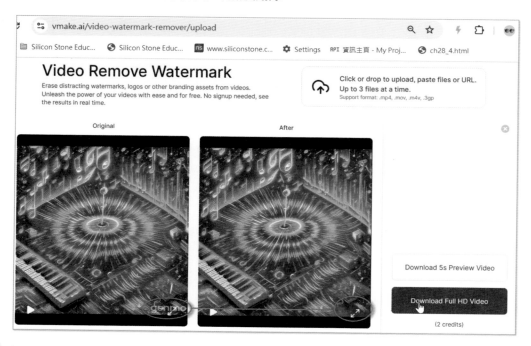

第 11 章

AI 語音與克隆 – ElevenLabs

在數位化迅速發展的今天，語音克隆 (Voice Cloning) 技術正逐漸成為各行各業的重要工具。語音克隆，簡單來說，就是利用人工智慧和機器學習技術，創建某人獨特聲音的數位複製。這項技術的核心在於用戶可以透過訓練自己的聲音樣本，未來在生成語音時，便能夠使用與自己相似的聲音。這一過程不僅提升了語音合成的個性化程度，也讓用戶在與數位內容互動時感受到更高的親切感。

11-1　語音克隆的應用

語音克隆技術正在迅速改變個人和企業的溝通方式。對於個人而言，語音克隆提供了創作有聲書、個性化語音備份等多樣的應用，特別適合內容創作者和需要保存自己聲音的用戶。而對企業來說，語音克隆技術可以提升客戶服務、優化行銷策略，並在全球市場中更靈活地運用語音內容，極大地提高了效率和品牌一致性。在此背景下，語音克隆為未來的溝通創新開啟了無限可能。

11-1-1　個人應用

語音克隆技術為個人和創作者提供了多樣化的應用場景。從語音備份到音樂創作，無論是為健康考量還是內容生產，語音克隆都能提升創作效率，增加娛樂性，並開啟全新的溝通與創作可能性。

- 個性化語音備份：語音克隆技術使個人能提前創建聲音的數位副本，特別適合因健康問題（如喉嚨疾病或失語症）可能喪失說話能力的人。這樣，他們可以在未來需要時透過 AI 技術合成語音，保持與他人的溝通能力。
- 創作與娛樂：語音克隆可以用來生成個性化的音頻內容，如有聲書、播客或影片旁白，甚至能將聲音應用於虛擬角色或遊戲中，為創作增添趣味與真實感。
- 音樂應用：語音克隆讓個人在歌唱中能探索不同的聲音風格，無論是模仿知名歌手進行翻唱，還是與虛擬聲音合唱，均可輕鬆實現。此外，這項技術還讓音樂製作更加靈活，無需專業設備便可創作多樣化的音樂作品，為非專業歌手開啟了新的創作途徑。
- 社交媒體與內容創作：個人創作者可以利用語音克隆技術快速生成大量個性化的語音內容，提升創作效率，無需重複錄製，適合社交平台的頻繁發布需求。

　　這些應用場景展現了語音克隆技術的廣泛潛力，從語音保存到創作娛樂，帶來了全新創意和效率提升的可能。

11-1-2　企業應用

　　語音克隆技術在企業應用中展現出巨大的潛力，從自動化客戶服務到品牌行銷，幫助企業以一致的語音形象與客戶溝通，提升效率。同時，企業還能利用語音克隆技術創建多語言音頻內容，進一步拓展全球市場。

- 客戶服務自動化：企業可以使用語音克隆技術創建品牌化的虛擬客服代表，透過真實且一致的聲音來處理客戶查詢，增強客戶體驗，同時降低運營成本。
- 行銷與廣告：企業能夠透過克隆知名代言人的聲音來製作個性化的廣告，這樣可以吸引更多消費者注意力，同時保護代言人的時間和資源。
- 多語言轉換：企業可以使用語音克隆技術來生成多語言版本的產品宣傳片或培訓資料，無需依賴真人錄製，提高全球市場中的覆蓋率和影響力。
- 教育與培訓：企業能夠為內部培訓或外部教育創建個性化的語音課程，保持一致性，同時降低真人錄音所需的時間和成本。

　　語音克隆技術在企業中提供了從客戶服務自動化到多語言行銷的多種應用，幫助提升溝通效率，降低成本，並創建一致的品牌語音形象，進而擴展全球市場的影響力。

11-1-3　語音克隆面臨的挑戰

　　隨著技術的不斷進步，語音克隆也面臨著一些挑戰，例如：倫理問題和數據隱私等。然而，這些挑戰並未阻止其在各領域的廣泛應用。

11-2　ElevenLabs - AI 語音與克隆工具

11-2-1　進入 ElevenLabs 網站

　　讀者可以用搜尋，或是用「https://elevenlabs.io」進入網頁，進入網頁後可以看到下列畫面：

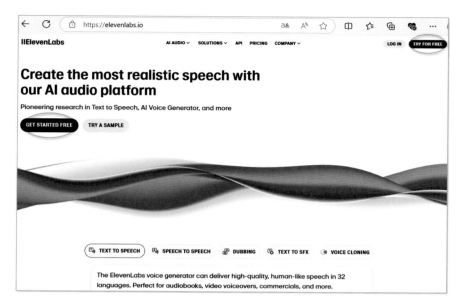

第一次使用請點選 GET STARTED FREE 鈕或是 TRY FOR FREE 鈕，會有需要註冊過程，請參考網頁指示進行註冊。

11-2-2　網站首頁

進入網站後，左上方可以看到 ElevenLabs 商標，下方則列出 4 大基礎功能。

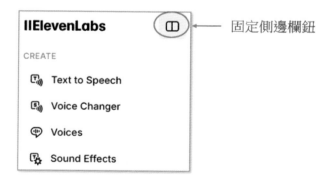

固定側邊欄鈕

- Text to Speech：簡稱 TTS，語音合成，可以生成逼真且引人入勝的語音，支持多種語言。

- Voice Changer：語音變換器，可用你希望的方式表達，並將其轉換為另一種聲音，完全掌控語氣、風格和語音傳遞。

● Voices：聲音，這是創造擬真的聲音，克隆您的個人聲音，並探索社群中分享的聲音作品。

● Sound Effects：音效，想像一個聲音並將其具象化，或探索由社群生成的最佳音效選集。

11-2-3　費用說明

Free	Starter	Creator
免費	5 美元 / 月	22, 11 美元 / 月，首月 5 折
10000 點數 / 月 最長 10 分鐘語音檔	30000 點數 / 月 最長 30 分鐘語音檔	100000 點數 / 月 最長 2 小時語音檔
29 種語言，數千語音	1 分鐘語音可克隆你的聲音	專業克隆聲音
自動配音幫助翻譯內容	進入配音室有更多功能	建立長內容與多語音配音
創建自訂的合成聲音	可商業用途	網站和部落格添加語音旁白
創建音效	包含所有 Free 功能	高品質音效
API 存取		包含所有 Starter 功能

筆者購買了 Starter 專案，也就是 5 美元 / 月。

11-3　Sound Effects 音效生成

讀者應該對此節內容不陌生，因為本書第 1～2 章，筆者就介紹了音效功能，其實 ElevensLabs 的音效功能類似。ElevenLabs 的 Sound Effects 功能允許用戶透過文字描述生成各種音效。

你可以使用簡單的文字提示來描述你想要的聲音，例如：「樹葉在風中沙沙作響」或「玻璃破碎的聲音」，並調整設置來控制音效的時長和精確度。該工具支援短音樂片段、音景和各種角色聲音的生成，特別適合電影製片人、遊戲開發者、社交媒體內容創作者等快速生成沉浸式音效。

ElevenLabs 與 Shutterstock 合作，利用其音頻庫來進一步優化模型，確保生成的音效多樣且高質量。這項技術幫助內容創作者更輕鬆地創建豐富的音效，無需依賴昂貴的錄音設備或音效庫。

11-3-1　Sound Effects 創作環境

　　進入 Sound Effects 功能後，預設是選擇 GENERATE 標籤，可以看到下列畫面，這也是我們的創作環境畫面。

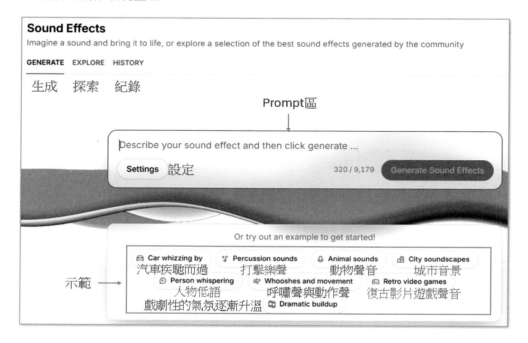

　　讀者可以自行輸入 Prompt，然後按 Generate Sound Effects 鈕生成聲音。也可以點選下方提示，ElevenLabs 會隨機生成提示詞，然後生成聲音。

　　如果點選 EXPLORE 標籤可以看到與搜尋各類已經有的音效類別，HISTORY 標籤則是你的使用紀錄。

11-3-2　Settings 設定

　　點選 Prompt 區塊的 Setting 鈕後，將看到下列對話方塊。

11-3-3　音效創作

下列是海浪聲的實例。

這個動作會扣 320 點，一次會生成 4 段 MP3 音效，下載後會用我們的題詞當作檔案名稱，筆者有更改檔名如上圖，感覺音效非常貼近真實，讀者可以參考 ch11 資料夾。

11-4 Text to Speech 文字轉語音

第 9 章筆者有用 TTSMaker AI 工具，講解這一節文字轉語音功能，其觀念類似。

11-4-1　Text to Speech 創作環境

進入 Text to Speech 功能後，預設是選擇 GENERATE 標籤，可以看到下列畫面，預設是用 SIMPLE 模型，這也是我們的創作環境畫面。

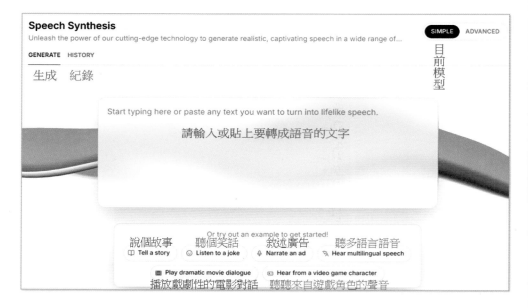

滑鼠游標點一下 Prompt 區，Prompt 區畫面將如下：

11-4-2　文字轉語音創作

上述下載後，用「海浪與海鷗語音 .mp3」儲存，讀者可以參考 ch11 資料夾。

11-5 Voice Changer 語音變換器

Voice Changer 是一項強大的語音轉換工具，允許你將一種語音轉換為另一種聲音，同時保留原聲音的語氣、風格和語音。這項功能的主要特點包括：

● 多樣化的聲音選擇：用戶可以從廣泛的合成聲音庫中選擇聲音，調整性別、年齡和口音等參數。

● 高品質音效：該技術利用先進的算法來改變聲音的音調、音色和語調，生成自然且高品質的語音，適合各種應用場景，例如：播客、遊戲和配音。

● 即時錄音和生成：用戶可以直接在平台上錄製自己的聲音，並透過簡單的操作生成所需的聲音效果，這使得使用過程變得直觀且高效。

● 情感表達：Voice Changer 不僅僅是改變聲音的基本特徵，還能保持原始內容的情感完整性，讓生成的語音更具表現力。

● 易懂操作界面：ElevenLabs 提供直觀的操作界面，對於初學者也容易上手，使得創建和修改語音變得簡單。

這些功能使 ElevenLabs 的 Voice Changer 成為數位內容創作者、教育應用和娛樂行業專業人士的重要工具，幫助他們以創新的方式提升語音內容的吸引力。

11-5-1　Voice Changer 創作環境

進入 Voice Changer 功能後，預設是選擇 GENERATE 標籤，可以看到下列畫面，預設是用 SIMPLE 模型，這也是我們的創作環境畫面。

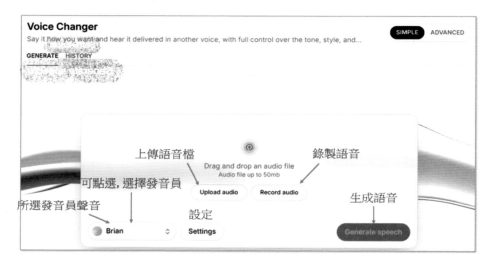

簡單的說，發音員的聲音皆是被克隆過的聲音，所以我們上傳或是錄製語音，再點選 Generate speech 鈕後，發音員的聲音會取代模仿我們的聲音，形成新的語音。這一過程使得用戶能夠輕鬆地將自己的語音轉換為其他已克隆的聲音，無論是模仿名人、角色還是其他風格的聲音。這樣的功能不僅提升了語音合成的靈活性，也讓內容創作變得更加多樣化和有趣。

11-5-2　Settings 設定

點選 Settings 鈕，可以看到下列設定方塊。

我們最先進的多語言語音轉語音模型，專為需要對生成語音的內容和韻律進行無與倫比的精確控制的情境設計，適用於多種語言。

11-5-3 Voice Changer - Record audio 錄製聲音

在 Voice Changer 創作環境點選 Record audio 鈕後，第一次執行時將看到左邊的畫面，請將滑鼠游標指向麥克風可參考下方右圖。

按一下麥克風，就可以開始錄音，再按一下可以結束錄音，這時將看到下列畫面。

按 Generate speech 鈕後，可以得到下列結果。

上述註明是使用已經克隆的 Brian 聲音，重新詮釋的結果，筆者將此結果儲存至 ch11 資料夾的 Voice_Changer1.mp3。

11-6 翻唱「深智冰島極光之旅」- Rap 味道

Voice Changer 主要是應用重新詮釋語音，不過如果上傳歌曲，可以獲得有趣的結果。或是說呈現的是在朗誦歌曲，有 Rap 的味道。

11-6-1　翻唱中文歌曲

筆者測試翻唱中文歌曲，目前咬字比較不清楚，假設畫面如下：

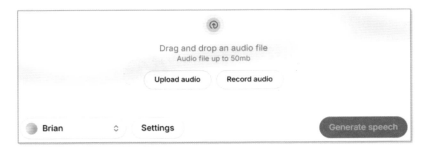

將「深智公司極光之旅 .mp3」拖曳至上述畫面，會看到下列畫面。

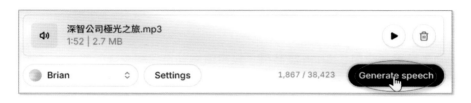

點選 Generate speech 鈕後，可以得到下列結果。

　　筆者將上述 MP3 檔案，下載到 ch11 資料夾的「Brian 翻唱極光之旅 .mp3」，這是一個沒有伴奏的語音，中文發音不標準，不過可以感受到節奏，是一個有趣的結果。

11-6-2　翻唱英文歌曲

　　筆者測試翻唱英文歌曲，會生成沒有伴奏，咬字沒有問題，有趣的結果。請拖曳 ch11 資料夾的「Iceland Aurora Tour.mp3」至工作區，將看到下列畫面。

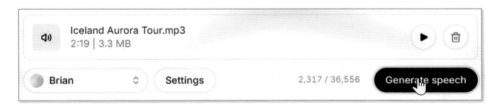

點選 Generate speech 鈕，可以得到下列結果。

　　上述 MP3 檔案，已經下載到 ch11 資料夾的「Brian 翻唱 Iceland_Tour.mp3」，這是一個沒有伴奏的語音，不過可以感受到節奏，是一個有趣的結果。

11-7 克隆你的聲音

前面各節筆者使用了 Brian 發音員，其實這個就是已經克隆的聲音。11-1 節筆者有描述語音克隆的觀念，這一節要敘述的就是克隆你的聲音。

註 必須購買 Starter 等級 (或以上) 才可以使用。

11-7-1　Voice - My voice 環境

點選 Voices 後，可以進入 My voices 環境。

因為要克隆自己的聲音，相當於增加聲音，請點選 Add a new voice 鈕。會看到 Type of voice to create 對話方塊。

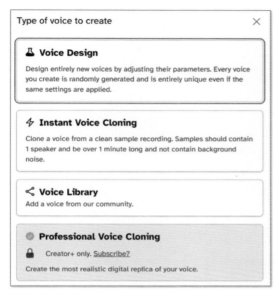

聲音設計
通過調整參數設計全新的聲音。即使應用
了相同的設置，您創建的每個聲音都是隨
機生成的，並且完全獨一無二。

即時語音克隆
從乾淨的樣本錄音中克隆聲音。樣本應
只包含一位說話者，時長超過1分鐘，且
不應包含背景噪音。

聲音庫
從我們的社群中添加一個聲音。

專業語音克隆
僅限 Creator+ 訂閱。是否要訂閱？
創建您聲音最逼真的數位副本。

11-7-2　Instant Voice Cloning 建立語音克隆

請點選 Instant Voice Cloning，可以進入創作環境。

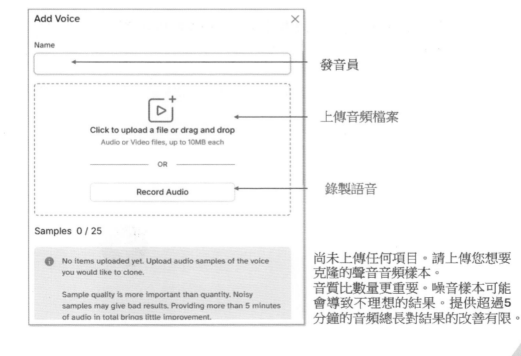

發音員

上傳音頻檔案

錄製語音

尚未上傳任何項目。請上傳您想要
克隆的聲音音頻樣本。
音質比數量更重要。噪音樣本可能
會導致不理想的結果。提供超過5
分鐘的音頻總長對結果的改善有限。

移除音頻檔的背景噪音

沒有標籤。點擊 + 添加第一個標籤

描述
您會如何描述這個聲音？例如：
「一位美國年長男性的聲音，帶有
些許沙啞感。非常適合新聞播報。」

我在此確認，我擁有上傳和克隆這
些語音樣本的所有必要權利或同意，
並且不會將平台生成的內容用於任
何非法、欺詐或有害的目的。我重
申遵守 ElevenLabs 的服務條款、禁
止內容與使用政策以及隱私政策的
義務。

目前語音克隆錄音時，每段語音最多 30 秒，最多可以錄製 25 段語音，筆者測試 100 個字約需 30 秒朗誦。錄製聲音時，如果沒有想法，可以用下列 Prompt 請 ChatGPT 協助生成。

> 我要克隆自己的聲音, 請協助生成5段，每段約100個字的
> 文字讓我朗誦

首先筆者在 Name 欄位輸入「Jiin-Kwei」，以確定語音的名字，可以看到下方左圖。

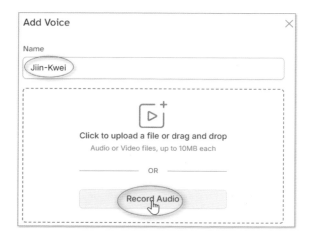

　　請點選 Record Audio 鈕，將看到上方右圖，點選後可以開始錄音，錄完 5 段語音後，看到下列內容。

　　往下捲動，筆者在 Description 輸入內容如下，此

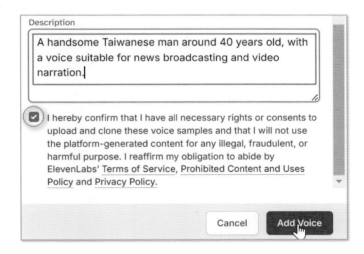

　　請點選 Add Voice 鈕，就可以執行克隆，完成後可以在發音員列表看到筆者的名字。

上述請點選 Use 鈕，即可以使用此聲音。

11-7-3　克隆聲音的應用

11-4 節筆者介紹 Text to Speech，進入此功能後，可以看到所選的發音員是 Jiin-Kwei，也就是筆者自己克隆的聲音了。

由於使用相同的 Prompt，所以出現的是 Regenerate speech 鈕，請點選可以得到下列結果。

上述實例測試結果儲存在 ch11 資料夾的「Jiin-Kwei 海浪與海鷗 .mp3」。11-5 節筆者介紹 Voice Changer，進入此功能後，可以看到所選的發音員也是筆者自己克隆的聲音。

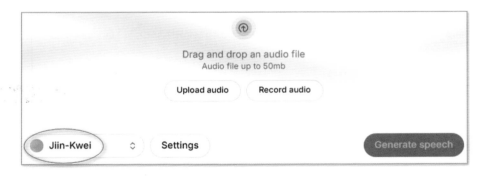

11-8　Voice Isolator - 錄音與消除雜音

Voice Isolator 是一個先進的工具，位於左側功能欄最下方，專門用於從音頻中提取清晰的語音，同時去除背景噪音。以下是其主要功能和特點：

- 背景噪音去除：Voice Isolator 能夠有效消除錄音中的不必要背景噪音，提升語音的清晰度。這對於網紅、影片和訪談的後製特別有用。
- 高品質語音提取：該工具能夠從任何音頻來源中提取出水準極高的語音，確保最終產出的音頻質量達到專業標準。
- 無需專業設備：該工具使得即使在不理想的錄音環境中，也能獲得清晰的語音輸出，這對於許多內容創作者來說是一個重要的優勢。

下列是執行的功能畫面。

請點選 Record audio 就可以進行一般錄音，錄音完成後可以得到 recording.mp4 音效檔案。這時點選 Isolate voice 鈕可以進行雜音刪除，最後得到高品質的聲音檔案「recording – isolated.mp3」。

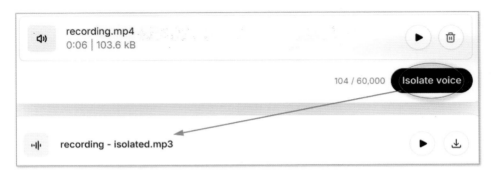

11-9　Dubbing Studio - 配音工作室

這個功能是專為專業影片本地化設計的工具，提供用戶對影片翻譯的精確控制。以下是該功能的主要特點和應用：

- 精確的翻譯控制：用戶可以輕鬆編輯轉錄文字和翻譯內容，以確保語境的適切性和自然流暢度。
- 多語言支持：支持將影片翻譯成 29 種語言。
- 同步與時間調整：界面中包括顯示原始語音的時間軸。

上述點選 Create dub 鈕就可以執行。

11-10 繪製 Voice Cloning 圖像

實例 1：語音克隆概念繪製圖像。

實例 2：「語音克隆」的應用，繪製全景圖像，同時增加標題「Voice Cloning」。

第 12 章

創作虛擬化身影片
HeyGen

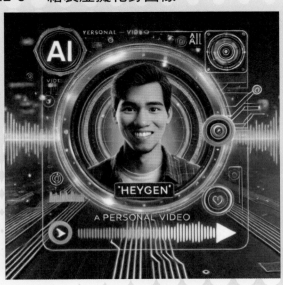

　　HeyGen 是一款以 AI 為基礎的影片創作工具，專注於生成虛擬化身（也可稱人物）影片，允許用戶使用文字描述來創建內容，而無需實際拍攝。它結合了 Avatar（虛擬角色）和 Text-to-Speech 技術，用戶可以選擇各種預設的虛擬形象，並根據輸入的文字生成對應語音，進而自動生成影片。

　　HeyGen 對於那些想要快速創作影片內容、但沒有拍攝設備或不擅長鏡頭前表演的人來說，是一個方便的解決方案。它通常用於：

- 產品推廣：用虛擬人物解說產品功能或宣傳活動。
- 教育影片：用於製作教學內容，由虛擬形象講解主題。
- 個人介紹或公司簡報：用虛擬形象和文字轉語音功能製作專業介紹影片。

12-1　認識 HeyGen 工具

12-1-1　進入 HeyGen 網站

　　讀者可以用搜尋，或是用「https://www.heygen.com」進入網頁，進入網頁後可以看到下列畫面：

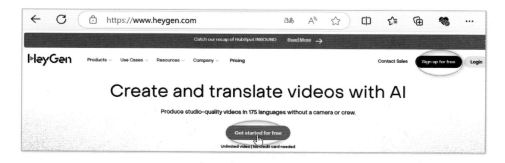

　　第一次使用請點選 Get started for free 鈕或是 Sign up for free 鈕，會有需要註冊過程，請參考網頁指示進行註冊。

12-1-2　網站首頁

　　進入網站後，可以看到下列視窗畫面。

HeyGen 建立虛擬影片有下列功能：

● Create your digital twin(創建您的數位分身)：使用專有 AI 技術，創建一個數位化身，完美呈現您的外貌和聲音！

● Create your first video(創建您的第一個影片)HeyGen 的 AI 工作室讓您結合虛擬形象、語音和文字轉語音技術，無需攝影機即可製作影片內容。

● Translate a video(使用影片翻譯走向全球)：與全球觀眾連結從未如此簡單。影片翻譯功能可將影片轉換為 40 多種語言，同時保留講者的原聲和自然的唇部動作。

12-1-3　費用說明

左側欄視窗捲動到最下方，可以看到目前可建立影片的點數數量。

點選 Pricing 後可以看到費用說明，下列是中文解說。

Free – 免費	Creator – 29 美元 / 月	Team – 89 美元 / 月
3 支影片 / 月	無限制影片數量	無限制影片數量
影片最多 3 分鐘	影片最多 5 分鐘	影片最多 30 分鐘
	輸出可以 1080p	輸出可以 1080p
1 個頭像	3 個頭像	多人工作區
AI 信任與安全	全部 Free 的功能	全部 Creator 的功能
分享與輸出	移除浮水印影片	品牌工具包
標準生成影片速度	快速生成影片速度	更快速生成影片速度

12-2 Avatars - 創作虛擬人物

　　Avatars 功能是 HeyGen 的核心功能之一，讓使用者能夠生成虛擬人物來創建影片內容。這些虛擬人物通常具有逼真的外觀和動作，並能與文字轉語音（Text-to-Speech）技術相結合，用 HeyGen 的 AI 將您輸入的文字轉化為虛擬人物的對話，無需拍攝實際人物。以下是關鍵特點：

- 多樣化的虛擬形象選擇：用戶可以從多個虛擬人物中選擇合適的形象，這些虛擬人物覆蓋了不同的性別、年齡、種族和風格，以便用戶根據需要創作合適的影片。

- 自定義化身：使用者還可以創建個人化虛擬形象，使其更加符合個人的形象或品牌形象。

- 自然的口型同步：虛擬形象在發言時的嘴型會與生成的語音進行同步，讓人物看起來更自然、流暢，增強影片的真實感。

- 多語言支持：Avatars 功能支援多語言生成，可以輕鬆製作不同語言的影片，同時保持人物的自然表現。

- 應用場景廣泛：該功能可以應用於市場行銷、教育、產品演示等不同領域，輕鬆生成專業的虛擬形象影片。

12-2-1　My Avatars 功能

　　點選左側 Avatars 功能後將看到 2 種 Avatar 建立方式，分別是 Video Avatar 和 Photo Avatar，其中預設是 Video Avatar，可參考下列畫面。

註　免費版只能建立 1 個。

在上述 Video Avatar 環境，往下捲動可以看到內建的 Avatar，分成 3 類顯示：

● All：顯示全部。

● Professional：專業人物。

● Casual：非正式的專扮人物。

12-2-2　Photo Avator

HeyGen 的 Photo Avatar 功能允許用戶使用 2 個方式建立虛擬人物形象：

● 上傳照片：用戶可以上傳個人或其他人物的照片，並用 AI 技術生成與該照片相似的虛擬化身，然後用於影片創作。

● 文字生成：用戶可以輸入 Prompt 建立虛擬人物。

這個環境的介面如下：

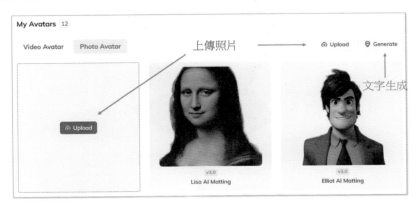

上述畫面往下捲動可以看到 12 種預設的虛擬人物頭像。

12-2-3　上傳照片建立虛擬人物頭像

請點選 Upload，然後選擇 ch12 資料夾的 hung.png，可以得到下列結果。註：建議讀者可以上傳自己的照片。

12-3　建立虛擬人像影片

請點選虛擬影片的圖片，此例筆者選自己的圖像。

12-3-1 編輯虛擬人像

請點選 Edit Avator，預設會看到美國發音員，筆者調整如下：

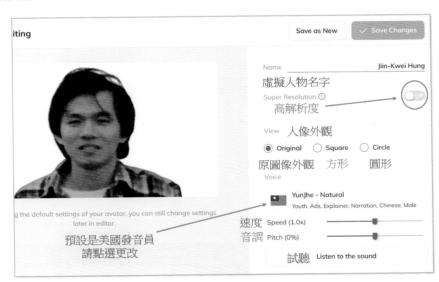

請點選 Save as New，回到 Photo Avatar 環境可以看到名字已經是筆者設定的「Jiin-Kwei Hung」了。

12-3-2　建立影片

請點選上一小節所建立的虛擬人像，然後按 Create with AI Studio 鈕，需要選擇影片版型，此例選擇 Landscape(1920 x 1080 px) 尺寸 (橫向)。註：Portrait 是縱向尺寸。

可以看到下列編輯影片內容的環境。

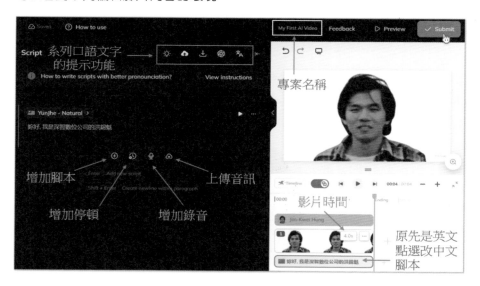

上述重點是原先影片內容是英文，必須點選該文字欄位，改成中文。同時輸入影片的中文內容，此例內容是：

「妳好，我是深智數位公司的洪錦魁」

點選圖示 ⊕，可以增加腳本內容，筆者增加「AI 時代的領航員」。

點選 Submit 鈕，可以看到下方左圖的對話方塊。

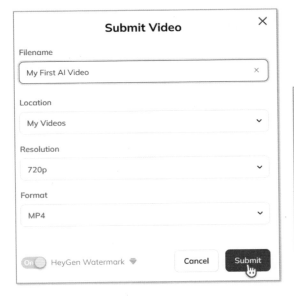

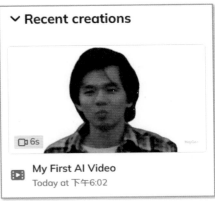

再按一次 Submit 鈕，可以得到上方右圖的結果，點選後可以播放影片。

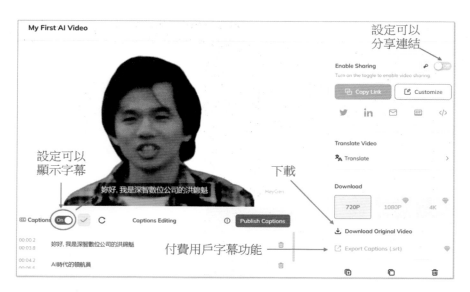

現在就可以播放有字幕的 My First AI Video 影片，本書 ch12.txt 有連結網址。

12-4 AI Voice - 讓您的獨特聲音閃耀光芒

在前一節中，筆者展示了如何使用自己的相片製作影片。如果能應用自己的聲音，整個影片將更加完美。

HeyGen 的 AI Voice 功能是一個強大的語音生成工具，能夠根據用戶輸入的文字，自動生成自然、逼真的語音，並與 HeyGen 的虛擬人物（Avatars）同步配合，實現影片中的口型同步和語音講解。其主要特點如下：

- 多語言支持：HeyGen 的 AI Voice 支持多種語言，這意味著用戶可以輕鬆地為不同語言的觀眾創建影片，同時保持高品質的語音效果。

- 自然語音合成：這項功能使用了先進的語音合成技術，生成的語音自然、流暢，能夠模仿人類的語調和情感，使虛擬人物的對話更加真實。

- 文字轉語音（Text-to-Speech）：用戶只需輸入文字，AI Voice 便會將這些文字轉換為語音，並自動與虛擬人物的嘴型同步，無需進行手動錄音或調整。

- Create New Voice：該功能還支持自定義聲音，用戶可以創建屬於自己的克隆聲音，讓虛擬人物說話時擁有用戶自己的聲音，這對於品牌化內容和個性化創作非常有用。

因為 Create New Voice 需要付費，每個月高達 29 美元，因此建議熟悉以後，如果常常有需求再付費升級。

HeyGen 的 AI Voice 支援整合第三方語音技術 (Integrate 3rd party voice)，透過這項功能，我們可以將克隆的聲音儲存至 HeyGen 的資料庫，讓未來的影片能夠使用個人的聲音。透過展現您獨特的音色，不僅能吸引觀眾，還能讓影片產生深遠的影響力。

12-4-1　整合第 3 方語音

請點選 AI Voice，可以看到下列畫面：

請點選 Integrate 3rd party voice 鈕。

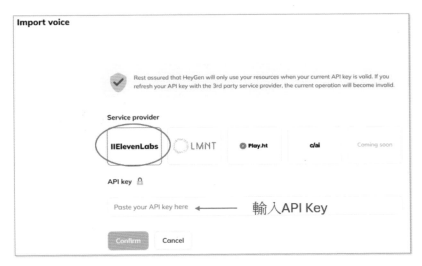

原來 HeyGen 可以整合我們前一章在 ElevenLabs 建立的克隆聲音，這裡主要是在 API Key 欄位輸入我們在 ElevenLabs 的 API Key。

12-4-2　取得 ElevenLabs 的 API Key

請進入 ElevenLabs，點選左側欄下方的帳號。

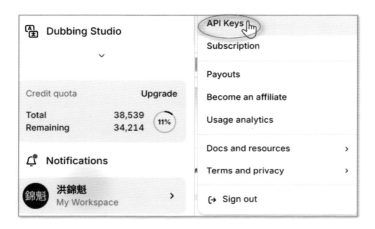

請點選 API Keys，將看到下列畫面。

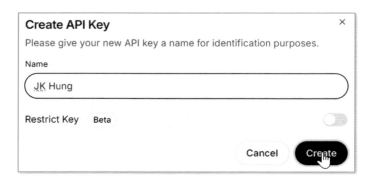

筆者設定 API Key 的名稱是「JK Hung」，請按 Create 鈕，生成後請複製。

12-4-3　HeyGen 填上 API Key

請回到 12-4-1 節的畫面，請複製 API Key 到下列 API Key 欄位。

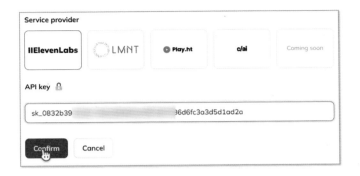

請按 Cofirm 鈕，請設定 Jiin-Kwei 語音為 On。

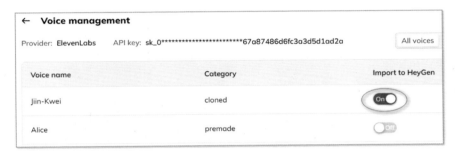

　　請點選 Voice management 連結，然後關閉 3rd party voice integration 框，可以看到前一章克隆的語音已經正式在 HeyGen 語音庫了。

12-5 建立專屬於自己的圖像語音影片

　　請點選 12-3-2 節的影片右上方的圖示 ⋯ ，請點選 Edit as New 指令。

將看到畫面如下：

請點選發音員，將看到下列 AI Voice 中有 My voices 欄位的 Jiin-Kwei。

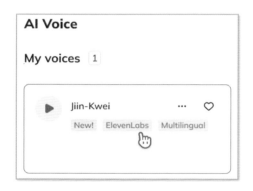

連按 2 下可以更改發音員為 Jiin-Kwei，請更改 2 個段落的發音。

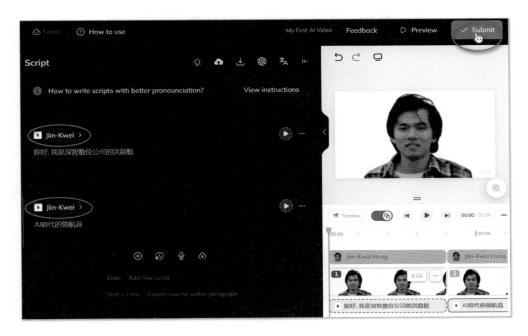

上述請按 Submit 鈕，請更改 Filename 為「My Voice AI Video」。

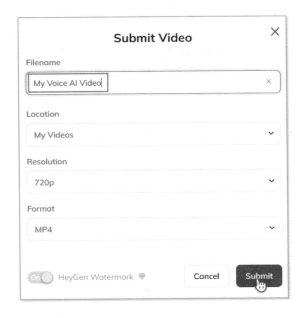

再按一次 Submit 鈕，就可以建立專屬於自己的圖像影音影片。

　　現在就可以播放克隆自己聲音的 My Voice AI Video 影片，本書 ch12.txt 有連結網址。

12-6 繪製虛擬化身圖像

> 我使用HeyGen建立專屬虛擬化身影片，請為此影片繪製具有科技感、AI語音的封面，封面標題要有顯著的「HeyGen」字串，請用全景圖像。

第 13 章

多功能 AI 語音工作室
FineVoice

有關語音工具前面已經介紹很多了，這一章介紹的 FineVoice 工具，這個介面的特色是簡單好用，其語音功能有下列幾種：

- Text to Speech(文字轉語音)
- AI Voice Changer(AI 語音轉換)
- Speech to Text(語音轉文字) – 需升級付費
- Voice Recorder(錄音) – 可以免費下載錄音結果
- AI Voice Cloning(AI 聲音克隆)
- AI Voice Design(聲音設計)

上述藍色標記的功能尚未出現在先前介紹的 AI 工具內，讀者學會更可以增加這方面的技能。

這個 AI 工具沒有明確列出免費試用，可以使用的範圍，上述除了 Speech to Text 需付費升級才可以使用，其他功能皆可以使用。至於成果下載，除了可以免費下載錄音外，其他皆需要付費升級才可以下載。升級 Basic Plan 是每月 8.99 美元，讀者閱讀完本章節可以自行判斷。

13-1　進入 FineVoice 網頁

讀者可以搜尋或是輸入下列網址

https://www.fineshare.com/finevoice/

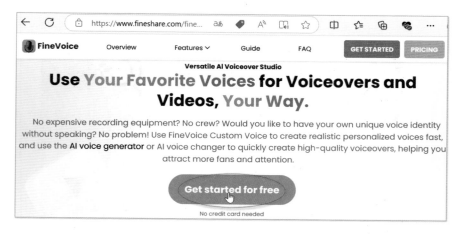

上述請點選 Get started for free 鈕，點選後會有註冊過程，然後就可以看到下列 FineVoice 的視窗畫面。

13-2 Text to Speech - 文字轉語音

進入 FineVoice 視窗後，請點選左側的 Text to Speech 功能，就可以執行文字轉語音功能。

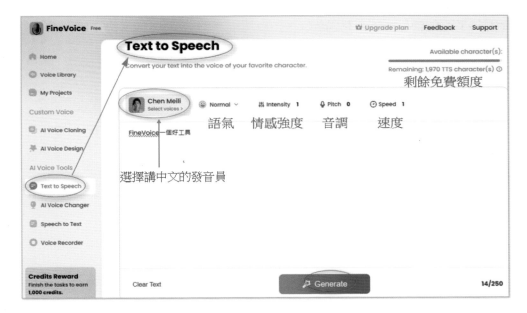

上述點選 Generate 鈕後，可以在下方看到轉換結果。

如果要下載需要付費升級。

13-3　Voice Recorder - 錄音

　　在使用 AI 過程常常需要我們上傳語音，特別是克隆自己聲音的時候，需要錄製自己的聲音上傳，我們可以利用此功能錄製自己的聲音。此功能畫面如下：

　　上述點選後可以開始錄製，再點一次可以結束錄製，錄製完成的畫面如下：

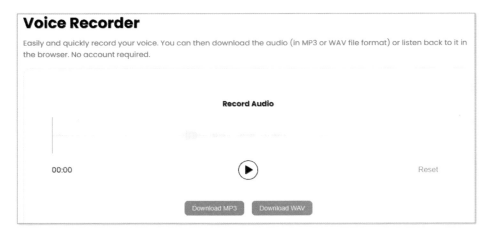

　　錄製完成讀者可以選擇用 MP3 或是 WAV 格式下載，ch13 資料夾有此錄音檔案 voice_recorder.mp3，方便後續練習。

13-4　Speech to Text - 語音轉文字

　　將語音轉換為文字的場合包括會議記錄、訪談整理和學術講座。企業可以使用此技術來生成會議紀要，方便後續查閱。教育機構則可將課堂講解轉錄，幫助學生復習。此外，播客和影片內容創作者也能利用語音轉文字生成字幕，提高可及性和觀眾參與度。法律領域中，法庭記錄和證詞轉錄同樣需要這項技術，以確保準確性和可追溯性。這些應用大大提升了信息的可用性和便捷性。

　　點選左側欄位的 Speech to Text 功能後，請將要轉換的語音拖曳至中間工作區，例如：可以將前一小節的錄音拖曳至工作區。

　　上述點選 Convert 鈕，就可以執行轉換，可惜目前只提供英文、德文和西班牙文的服務，同時需要升級付費才可以轉換。

13-5　AI Voice Changer – AI 語音轉換

　　其實也可以稱此功能是 AI 變聲器，這個功能的應用場合包括遊戲、社交媒體和內容創作。在遊戲中，玩家可以使用變聲器來隱藏身份或增添趣味，提升遊戲體驗。在社交平台上，變聲器可用於製作有趣的語音訊息，吸引朋友的注意。此外，內容創作

者可以利用變聲器為影片或播客添加獨特的角色聲音，增加觀眾的參與感和娛樂性。
這些場合充分展示了 AI 變聲器在娛樂和創意領域的多樣性與靈活性。

　　下列是筆者上傳 voice_recorder.mp3 的轉換結果。

　　可惜如果要下載需要付費升級。

13-6　AI Voice Design - AI 聲音設計

　　13-2 節我們使用 Text to Speech 時，選擇了發音員 Chen-meili，AI Voice Design 功
能是讓我們應用設計發音員。

　　執行此功能後將看到下列 Voice Design 對話方塊。

上述對話方塊讀者可以調整性別 (Gender)、語系 (Language)、聲音型態 (Voice Style)、聲音強度 (Style Intensity)、聲音速度 (Speed)、音調 (Pitch)，然後對預設文字框的文字輸入，生成聲音。上述點選 Generate 鈕後，可以看到下列畫面：

點選 Save AI Voice 後，可以看到下列畫面：

　　請點選 Use 鈕，未來在 Text to Speech 功能時，就可以點選發音員時，可以在 Custom voices 標籤看到這個 Ariella 發音員。

13-7　AI Voice Cloning – 語音克隆

　　點選 AI Voice Cloning 後可以看到此功能畫面。

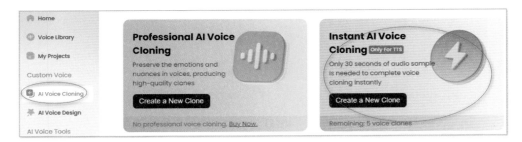

　　由於是免費版，只能選擇 Instant AI Voice，請點選 Create a New Clone 鈕。會看到被要求建立克隆聲音訊息，筆者輸入如下：

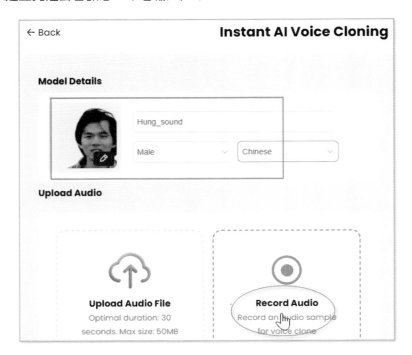

請點選 Record Audio。

上述是說明最佳錄音時間是 30 秒，最少是 10 秒，最多是 45 秒，請點選 Start Recording 鈕。錄音內容可以讓 ChatGPT 生成，例如：可以使用下列 Prompt。

> 我要克隆自己的聲音，請協助生成錄製30秒的文案。

錄音完成後畫面如下：

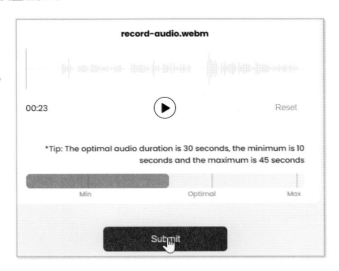

請點選 Submit 鈕，就可以進行錄音克隆，完成後可以看到下列結果。

選擇 Use 鈕後，未來錄音選擇發音員時，可以選擇自己克隆的聲音。

下列是執行 Text to Speech 的實例。

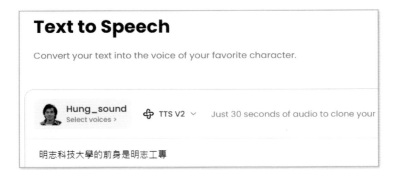

上述點選 Generate 鈕後，可以得到下列轉換結果。

13-8 繪製 FineVoice 意境圖像

FindVoice是多功能AI語音工具，請為此生成圖像，同時要有明顯的標題「FindVoice」

第 14 章

Lovo AI 語音合成與影片創作神器無縫結合情感與語調

　　在數位內容創作的浪潮中，LOVO AI 脫穎而出，成為一個強大的語音合成工具。自成立以來，LOVO 專注於將文字轉換為自然流暢的語音，為內容創作者、行銷專業人士和教育工作者提供了無限的可能性。其平台支持超過 100 種語言和 500 種不同的聲音，讓用戶能夠輕鬆創建多樣化的語音內容。

　　LOVO 的情感表達功能更是其一大亮點，能夠生成包含多達 25 種情感的語音，使得每一段文字都能以最具感染力的方式呈現。此外，LOVO 還提供即時語音克隆和影片配音功能，使得內容創作過程更加高效和靈活。這些優勢使 LOVO 成為提升數位內容質量的重要工具，幫助用戶在競爭激烈的市場中脫穎而出。

14-1　進入 LOVO 網站與認識 Genny

14-1-1　進入 LOVO 網站

　　讀者可以用搜尋，或是用「https://lovo.ai/」進入網頁，進入網頁後可以看到下列畫面：

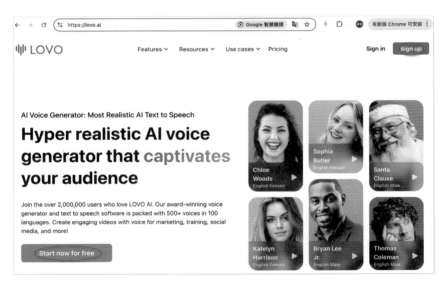

　　請點選 Start now for free 鈕，如果你是第一次使用 LOVO，會需要有註冊過程，註冊完成後就可以正式進入 LOVO 個人工作環境。

14-1-2　認識 LOVO 視窗

進入 LOVO 網站後，預設是在 Home 標籤環境：

視窗左上方有 Genny，這是 LOVO AI 的工具名稱。所以我們可以說，LOVO AI 的公司名稱為 Lovo，產品名稱是 Genny。

14-1-4　費用說明

LOVO 是一個好的 AI 產品，適用期是 2 週，作品有提供連結，可是無法下載。如果滿意，未來訂閱 Basic 是「第 1 個月優惠 66% off，只要 10 美元」，第 2 個月起是29 美元。其他細節讀者可以參考 Pricing 選項內的 Compare plans。

14-2 Genny 的功能

網站上，LOVO 公司描述「Genny 是最強大的生成式 AI 工具」，可以滿足您所有的配音和影片需求，例如：腳本、超擬真的聲音、圖片、編輯等等！相當於「Genny 擁有您創作引人入勝的影片所需的所有整合 AI 功能」。Genny 的功能特色如下：

- Text To Speech(文字轉語音)：使用 Genny 可以節省配音費用和時間，無需花費時間和金錢進行錄音，也不需昂貴的設備，即可透過先進語音生成器實現專業級配音。

- Online Video Editor(線上影片編輯)：透過 Genny 的線上影片編輯器，可以無

縫同步音頻與影片，在不犧牲速度或準確性的情況下實現完美同步。讓您可以輕鬆編輯內容，創作引人入勝的高品質影片。

● Auto Subtitle Generator(自動字幕生成器)：使用自動字幕生成器，您的內容可以全球化，並以 20 多種語言提升參與度。只需幾個點擊即可自訂、動畫化並轉換您的影片。

● AI Writer(AI 編劇)：讓您寫腳本快 10 倍，創作瓶頸是每個人的噩夢。Genny 的 AI 編劇能夠幫助您快速開始，閃電般生成專業的內容。

● Voice Cloning(聲音克隆)：Genny 的聲音克隆技術只需一分鐘的音頻即可立即創建自定義聲音。讓您的品牌擁有獨特的聲音，使您的內容脫穎而出。

● AI Art Generator(AI 藝術生成器)：生成免版稅圖片，不再浪費時間在網上搜尋完美的庫存圖片。使用 Genny 的 AI 藝術生成器，幾秒鐘內即可生成高畫質免版稅圖片並將其添加到您的影片。

14-3 進入創作環境

進入 Genny 環境後，要使用 AI 功能必須從 Create a Project 開始。

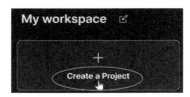

這時會看到 Create a Project 視窗，如下：

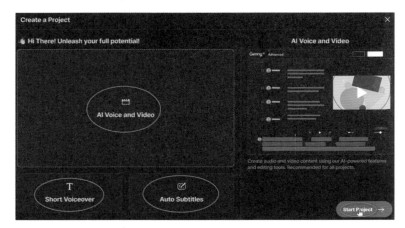

從上圖可以獲得 Genny 有 3 大功能：

- AI Voice and Video：AI 語音與影片，這是預設。
- Short Voiceover：短篇配音，這算是 AI Voice and Video 的子功能，筆者會先介紹。
- Auto Subtitles：自動字幕，這也算是 AI Voice and Video 的子功能，讀者可以由 14-5-3 節了解此功能。

讀者可以點選上述任一功能，再按右下方的 Start Project 鈕，就可以正式進入該功能的創作環境。

14-4　Short Voiceover – 短篇配音

點選 Short Voiceover 後，再按 Start Project 鈕後，可以進入下列畫面：

14-4-1　Text To Speech 文字轉語音

Genny 有支援台灣口語的中文，發音員下方有 Change Voice，點選 Change Voice 區。在 Voice Library 標籤環境，可以在 Language 欄位選擇「Chinese-TW」，然後選擇發音員。

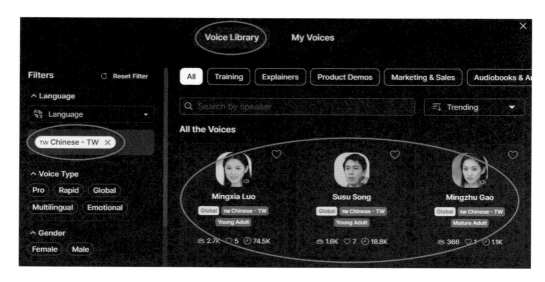

　　下列是筆者選擇男性發音員，同時輸入 Prompt：「深智數位是 AI 出版的領航員」字串，點選 Generate 鈕，生成語音的畫面，筆者用「深智數位語音」儲存。

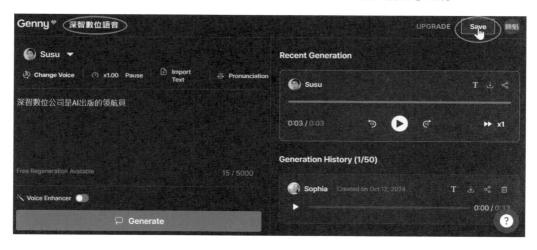

　　完成後，讀者可以播放，發音非常標準，點選左上方的 Genny 可以回到自己的 workspace(工作區)。

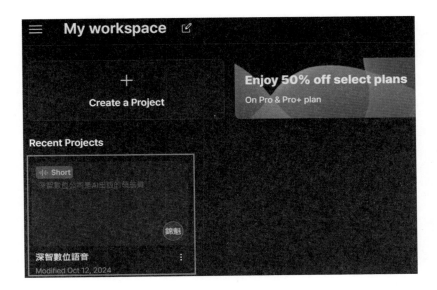

14-4-2　克隆自己的聲音

前一小節我們從 Voice Library 標籤環境找尋適合的發音員，如果點選 My Voices 標籤，可以進入克隆聲音的環境。

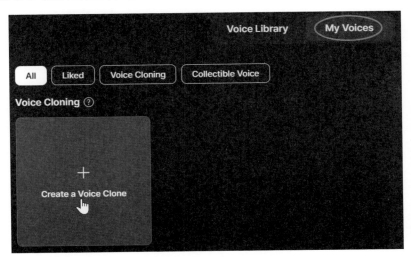

請點選 Create a Voice Clone，可以看到下列畫面。

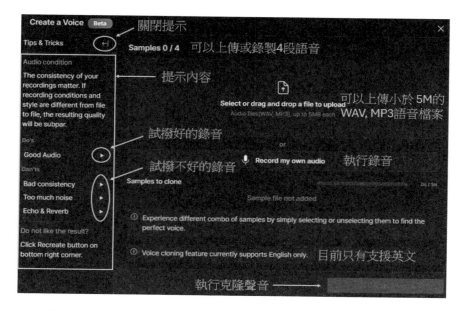

錄音時必須注意，品質好的錄音特色如下：

- 錄音的一致性非常重要，如果每個檔案的錄音條件和風格不同，最終的音質將不會理想。

- 可以點選 Good Audio 右邊的圖示 ▶，試聽好的錄音品質。

品質不好的錄音特色如下：

- Bad consistency(一致性差)：可以點選右邊的圖示 ▶ 試聽與了解。

- Too much noise(噪音過多)：可以點選右邊的圖示 ▶ 試聽與了解。

- Echo & Reverb(回聲與混響)：可以點選右邊的圖示 ▶ 試聽與了解。

註 所謂「混響」指的是聲音在一個空間內反射多次，導致聽到的聲音延續了一段時間，產生一種模糊、擴散的效果。這通常發生在封閉的空間內，當聲波碰到牆壁、天花板或其他物體並反彈回來時，會使得聲音聽起來不再是清晰的單一音源，而是帶有空間感和持續的餘音。

點選 Tips & Tricks(提示與技巧) 右邊的圖示 ←，可以關閉「提示與技巧」區，讓 Create a Voice 視窗空間變大。

請點選 Record my own audio，可以進入錄製環境，要你念的句字會自動生成，你
也可以重新生成，基本上最多可以錄製 4 段。

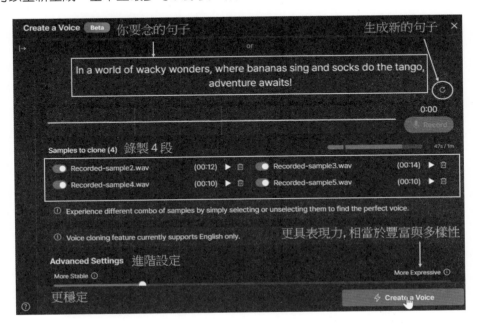

　　錄製完成後可以點選右下角的 Create a Voice 鈕，經過約 30 秒可以生成下列參考語音。

　　你可以試聽，如果不滿意可以點選 Recreate a Voice 鈕。如果滿意可以點選 Use This Voice 鈕。點選 Use This Voice 鈕後，可以看到輸入語音資料，筆者輸入如下：

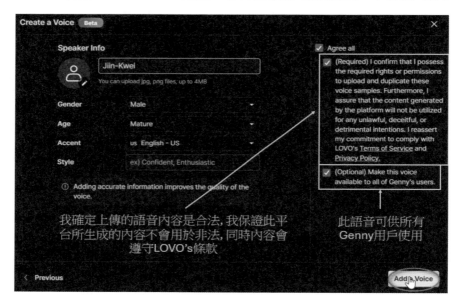

　　上述請點選 Add a Voice 鈕，可以在 My Voices 標籤得到自己克隆的聲音。

14-4-3 文字轉語音 - 用自己的聲音

未來參考 14-4-1 節要執行文字轉語音時,可以用自己克隆的聲音,如下所示:

14-5 AI Voice and Video – 創建 MP4 影片

在 14-3 節的創作環境點選 AI Voice and Video,然後按 Start Project 鈕,可以看到 AI Voice and Video 視窗畫面。

14-5-1 認識 AI Voice and Video 視窗

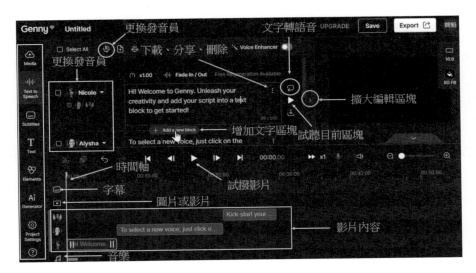

這個環境會預設生成一段沒有圖片、字幕的影片，影片有 3 段，由不同發音員組成。此環境基本功能如下：

- 更換發音員：你可以點選發音員，更換發音。
- 編輯文字：可以直接在文字區塊更改，更改完後需點選文字轉語音圖示 ⟳。
- 下載、分享、刪除：每個文字區塊右上方有圖示 ⋮，點選可以下載、分享或刪除該文字區塊。
- Add a new block：將滑鼠游標放在 2 個區塊間才可以看到此功能字串，點選可以增加文字區塊。

視窗左側欄是功能表欄，內容如下：

- Media：上傳圖片、影片或音樂。
- Text to Speech：文字轉語音，這是預設環境。
- Subtitles：字幕。
- Text：字型模板。
- Elements：元素模板。
- Generator：AI 元素 (圖片、音效、文字) 生成。圖片和文字需付費。
- Project Settings：可以設定影片大小 (預設是 16:9) 與背景顏色。

14-5-2　編輯文字區塊 - 我在 Genny 的第 1 段影片

首先筆者將第 1 個文字區塊文字的「Genny」改為「LOVO AI」更改完後，需要點選 Generate 圖示 ⟳，重新生成語音。此例：筆者選擇自己的聲音。

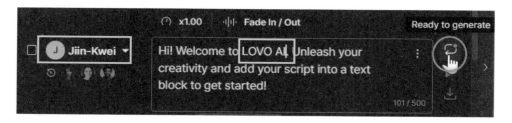

完成後 Generate 圖示右上方的紅點會消失。現在要刪除第 2 個區塊，請點選此區塊選擇此區塊。按一下右上方的圖示 ⋮，然後執行 Delete。

執行後需拖曳時間軸第 3 個人的談話，往左到第 1 個人的結尾位置。

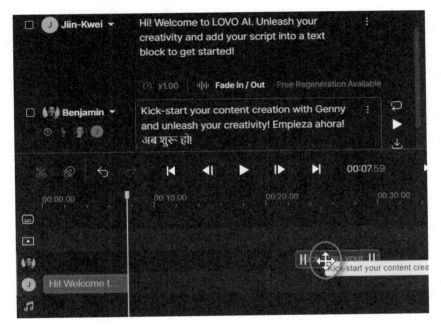

上述動作相當於是刪除原先第 2 個人的語音時間，執行後，其實現在已經完成一段只有說話沒有字幕與圖片的影片了。

請點選視窗右上方的 Export 鈕可以輸出，將看到下列畫面。

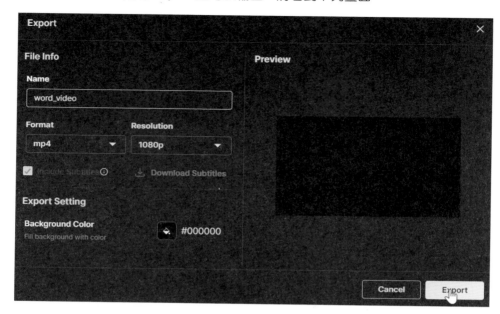

筆者在 File Info 的 Name 欄位輸入「word_video」，然後按 Export 鈕，建立完成後將看到下列畫面。

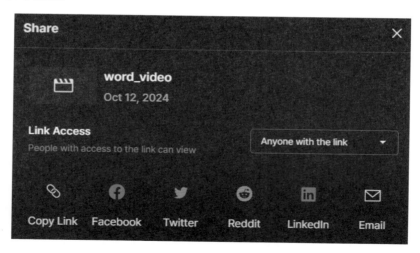

點選 Copy Link 可以複製連結，貼到瀏覽器就可以看到結果。註：本書 ch14.txt 有此連結，讀者可以參考。

14-5-3 Subtitles 建立字幕

點選左側欄位的 Subtitles，可以看到下列建立字幕的方法畫面：

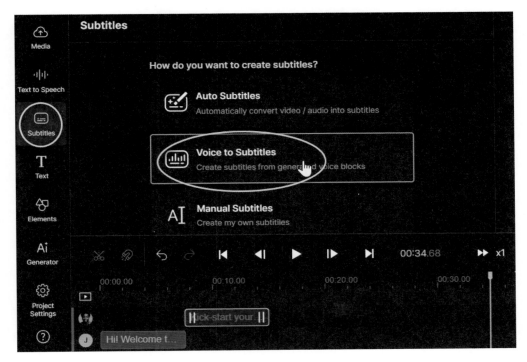

- Auto Subtitles：自動轉換影片 / 語音成字幕。
- Voice to Subtitles：影用語音區塊轉成字幕。
- Manual Subtitles：手動輸入字幕。

請點選 Voice to Subtitles，可以生成字幕。

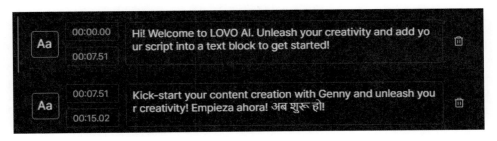

現在影片播放就可以看到上述字幕了，本書 ch14.txt 有連結網址。

14-5-4　Media - 上傳多媒體

點選左側欄的 Media 後，可以看到 Add Resource 對話方塊。

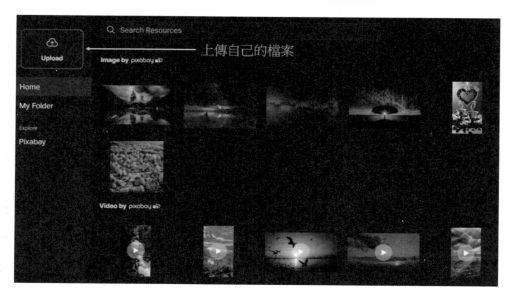

上述對話方塊可以選擇 pixabay 的免費圖片、影片與影音資源，或是可以點選 Upload 鈕上傳自己的多媒體檔案。下列是筆者選擇一段影片，然後點選 Add to Project 鈕的結果。

請將影片與播放影片的時間軸拖曳到影片起始位置，可以得到下列結果。

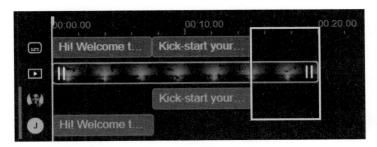

從上述看影片和字幕時間沒有一致，有 2 個方法：

● 適度增加字幕。

● 裁剪影片，例如：下列往左拖曳。

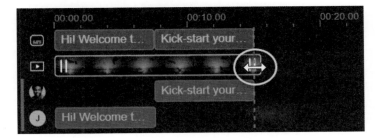

現在播放可以得到下列結果，本書 ch14.txt 有連結網址。

14-6　深智冰島之旅影片專輯

請建立專案後，執行下列步驟：

1：將 ch14 資料夾的「Iceland_tour.png」加入專案 (Add to Project)。

2：將 ch14 資料夾的「Iceland_Aurora_Tour.mp3」載入 (Add to Project)。

3：拖曳 Iceland_tour.png 圖片長度與歌曲一樣長。

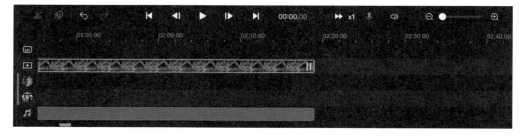

4：讓時間軸從 00:00:00 開始，點選左側欄的 Subtitles，然後點選 Auto Subtitles。

5：出現語言選擇，請選擇「English-US」，然後點選 Generate Subtitles 鈕。

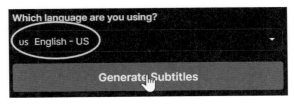

6：可以得到下列結果。

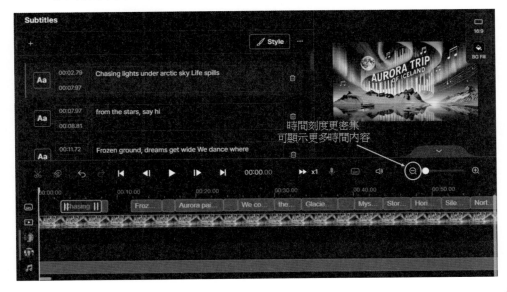

時間刻度更密集
可顯示更多時間內容

現在就可以播放有字幕的深智冰島之旅影片，本書 ch14.txt 有連結網址。

14-7　繪製 LOVO AI 意境圖像

第 15 章
AI 翻唱歌曲

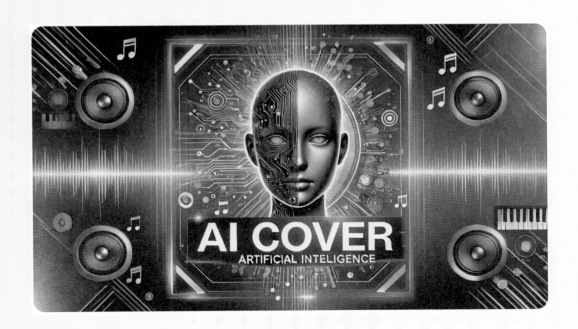

　　AI 翻唱歌曲的英文名詞是 AI Song Cover Generator。這是一種利用人工智慧技術創建音樂的工具。它能夠分析原始歌曲的旋律、節奏和風格，並生成新的聲音版本，讓用戶可以用不同的聲音來演唱這些歌曲。以下是一些主要特點和功能：

- 多種聲音選擇：用戶可以選擇多種預設聲音，包括知名歌手、卡通角色等，來創建獨特的音樂。
- 簡單易用：通常只需幾個步驟，用戶就能上傳想要翻唱的歌曲，選擇聲音，然後生成 AI 音樂。
- 聲音克隆：克隆自己的聲音，成為多種聲音選項之一，翻唱各類名曲。

　　這些功能使得 AI Song Cover Generator 成為內容創作者、音樂愛好者和行銷專業人士的一個有力工具，幫助他們輕鬆創建獨特而吸引人的音樂內容。

15-1 PopPop AI – 最受歡迎的 AI 翻唱

　　第 1 和 10 章有介紹 PopPop AI，這一節將對 AI 歌曲翻唱部分做解說。PopPop 的 AI Cover Generator 是一款免費的線上工具，專為音樂愛好者設計。用戶可以輕鬆上傳音訊檔案或提供連結，選擇多種知名聲音，快速生成個性化的歌曲翻唱，讓創作變得簡單有趣。點選 AI Cover Generator 標籤後可以看到下列視窗畫面：

　　從上述可以看到可以用 2 種方式翻唱歌曲：

● 上傳 MP3、MP4、WAV、… 等格式的歌曲檔案。

● 貼上音樂連結網址，例如：YouTube 上的音樂。

不論是上傳哪一種類的歌曲，下載皆是 MP3 格式的歌曲。

15-1-1　AI Trump 翻唱深智公司極光之旅的歌

上述筆者選擇「AI Donald Trump」，然後上傳「深智公司極光之旅 .mp3」，可以先看到下列畫面。

看到上述畫面表示上傳歌曲成功，PopPop AI 會自動生成 AI Trump 唱的歌，結果如下：

讀者可以點選播放，然後比較與原先的差異。

15-1-2　AI Taylor 網址連結翻唱英文版的吻別

請選 AI Taylor，點選 Paste URL 標籤，然後貼上英文版吻別的 YouTube 網址，如下：

請點選 Generate 鈕就可以了，然後可以看到下列畫面。

讀者可以在 ch14.txt 看到下載連結。

15-1-3　其他 AI 人物翻唱歌曲 – AI Michael Jackson

假設筆者想用 AI Michael Jackson 翻唱歌曲，請點選 Explore All Voices，可以進入 AI Voice Library，選擇 Artists 標籤然後點選 AI Michael Jackson，可以得到下列結果。

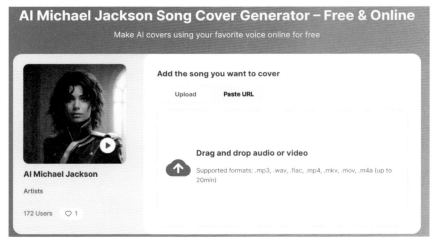

接著可以參考前面 2 小節，就可以用 AI Michael Jackson 翻唱指定的歌曲了。

15-2 TopMedi AI – 著名線上影音創作平台

　　TopMediai 是一個著名的線上影音、影片創作平台，讀者可以搜尋「TopMedi AI」，或是用下列網址進入進入網站。

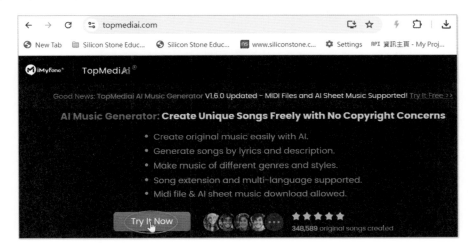

　　請點選 Try It Now 鈕，就可以進入網頁，這個網站的功能有許多，點選特定功能後，會有註冊過程。

　　這一節將說明 AI Cover(翻唱)，此網站提供使用指定 AI 人物翻唱，或是克隆自己的聲音翻唱。讀者可以點選左側欄位的 AI Cover 進入此功能網頁，

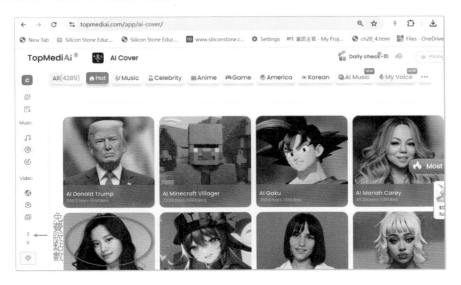

視窗左下方會顯示點數，免費版點數是 2 點，相當於可以創作 2 首歌曲。

15-2-1　費用說明

免費版本有 5 點可用，AI 人物翻唱 (獨唱) 一次扣 1 點，合唱或對唱扣 2 點，之後就必須付費升級。

Starter 版	Creator 版	Professional
3.99 美元 / 週	12.99 美元 / 月 (首月) 24.99 美元 / 月	59.99 / 一次付清
30 首歌	歌曲數量沒有限制	歌曲數量沒有限制
0 克隆	2 首	4 首
無下載限制	無下載限制	無下載限制
可建立影片	可建立影片	可建立影片
音高控制	音高控制	音高控制
添加混響	添加混響	添加混響
每週更新模型	每週更新模型	每週更新模型

15-2-2　AI 人物翻唱

有關 AI 人物翻唱的步驟和 15-1-1 節的 PopPop AI 步驟一樣，首先選擇 AI 人物，此例筆者選擇上圖左下方的韓國偶像 AI YOJIN(安俞真)。

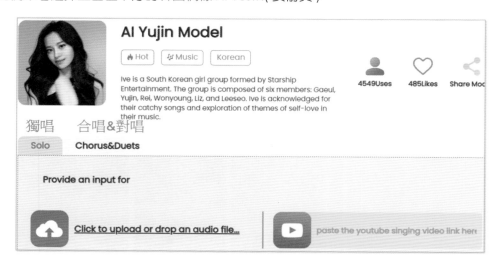

　　上述環境和 PopPop AI 的差異是，TopMedi AI 多了 Chorus&Duets(合唱和對唱)
功能。上述預設是在 Solo 標籤，也就是獨唱的環境，一樣可以上傳歌曲或是拖曳歌曲
連結。

❑　**Solo 獨唱**

　　下列是上傳 YouTube 上莫文蔚的「因為愛情」的歌曲網址實例。

　　點選 Generate AI Cover 鈕後可以得到下列結果。

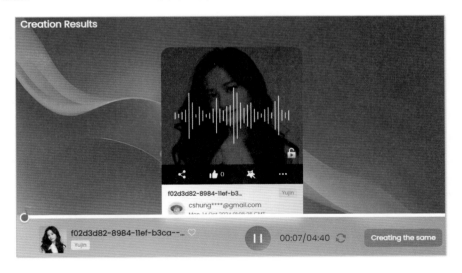

　　讀者可以在 ch14.txt 看到下載連結。

❑　**Chorus&Duets 合唱或對唱**

　　這次筆者使用 AI Michael Jackson 翻唱，然後點選 Chorus&Duets 標籤，這時會出現要求選擇第 2 個翻唱人物。此例筆者選擇韓系歌手「Rose 朴彩英」，然後上傳林憶蓮和李宗盛的「當愛已成往事」的 YouTube 歌曲網址。註：需勾選 Duets(對唱)。

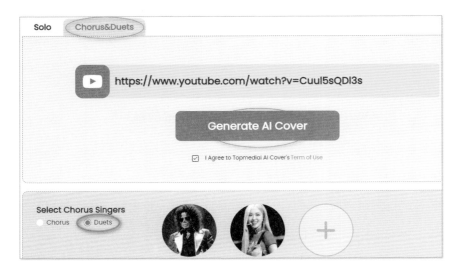

　　上述點選 Generate AI Cover 鈕，就可以生成對唱的歌曲，結果如下。

　　讀者可以在 ch14.txt 看到下載連結。

15-2-3　My Voice 克隆自己的聲音翻唱

在 AI Voice 功能環境，請點選 My Voice。

可以看到下方左畫面，右畫面是筆者用 Google Chrome 翻譯畫面。

Train Your Own Custom Voice Model:

Step1: Upload a purely human voice recording.

- No background music, noise.
- MP3/WAV/M4A format, less than 100M in total
- Recommended audio duration: 10-30 min

Step2: Start training, wait for 1-24h.

Step3: Complete the model training.

Upload Now

訓練您自己的自訂語音模型：

Step1：上傳一段純人聲錄音。

- 沒有背景音樂，噪音。
- MP3/WAV/M4A格式，總計小於100M
- 建議音頻長度：10-30 分鐘

Step2：開始訓練，等待1-24h。

Step3：完成模型訓練。

立即上傳

- 註：上述點選 Upload Now 鈕後，會看到需要付費升級到 Creator 等級才可以克隆自己的聲音，這個等級第 1 個月 12.99 美元，以後 24.99 美元 / 月。

請點選 Upload Now 鈕，接著上傳你的 mp3 錄音檔案，完成後將看到下方左圖的對話方塊，請按 Start Training 鈕就可以正式克隆你的聲音。

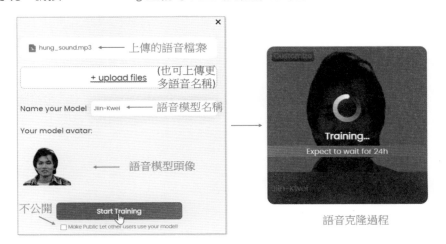

語音克隆過程

❑　**筆者提醒**

　　在克隆自己的聲音並上傳錄音檔案作為 AI Voice 樣本時，以下建議可以幫助您獲得更高質量的聲音克隆效果：

- 保持安靜環境
  - 避免背景噪音：確保錄音環境安靜，避免電風扇、交通聲音、或其他雜音，這樣可以確保聲音樣本的純淨度。
  - 使用高品質麥克風：如果可能，使用高品質麥克風進行錄製，以保證音質的清晰度。
- 錄音一致性
  - 保持相同的錄音條件：如果要多次錄製，請在相同的環境、距離、聲音音量和語調下錄音，這樣可以確保聲音的連續性和一致性。
  - 穩定的語速與語調：在錄製時，請保持自然的語速和穩定的語調，過於激烈的語速變化可能會影響聲音樣本的精準性。
- 錄音時長與內容
  - 錄製多樣化內容：錄音文案應該包含不同的「高低音語調」、「停頓」、和「語速」變化，這樣 AI 可以更好地學習您聲音的細微變化。
  - 保持自然：不要過於誇張或機械化，要保持日常自然的說話方式，這樣生成的語音會更貼近您真實的聲音。

　　訓練時間需要好幾個小時，完成後點選 My Voice 標籤可以看到自己克隆的模型聲音，名稱是 Jiin-Kwei。

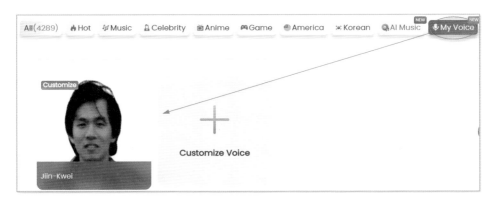

請按一下上述 Jiin-Kwei 聲音模型。

請將 ch15 資料夾的 Iceland_Aurora_Tour.mp3，拖曳到上圖圈選位置。

請點選 Generate AI Cover 鈕，可以得到下列結果。

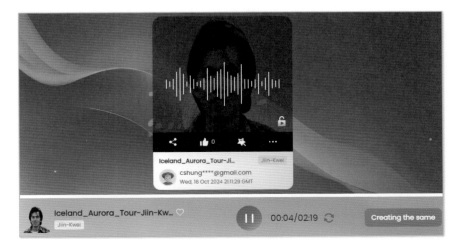

15-3 繪製 AI Cover 意境圖像

AI Cover是目前流行的話題，請用此觀念繪製圖像，同時要有明顯的標題「AI Cover」

第 16 章

Canva AI 影片設計的創意流程

在當今數位時代，影片已成為傳遞訊息和吸引觀眾的關鍵工具。Canva 作為一個易於使用的設計平台，提供了強大的影片設計功能，讓任何人都能輕鬆創作出專業水準的影片。這一章將深入探討「Canva 影片設計的創意流程」，幫助讀者理解如何利用 Canva 的各種工具和功能，從構思到實現，創造出引人入勝的視覺內容。無論是行銷推廣、社交媒體分享還是教育用途，Canva 的影片設計流程都能為用戶提供靈活性和創造力，讓每個人都能成為自己的影片製作人。

16-1　進入與認識 Canva

Canva 是一個多功能的設計平台，可用於設計社群媒體貼文、簡報、海報、文件、邀請卡、影片等，應有盡有。本節主要是介紹設計影片功能。

16-1-1　設計影片的創意流程

以下是設計影片的基礎流程，因為篇幅有限，本章無法一一列舉，不過也將全力協助讀者認識與了解設計影片過程。

1.　靈感與構思

描述如何從靈感開始，確定影片主題和風格。可以提及使用 Canva 的模板和範例來激發創意。

2.　選擇合適的模板

討論如何選擇適合的影片模板，並根據內容需求進行自定義。強調 Canva 的多樣化模板選擇。

3.　添加視覺元素

說明如何在影片中添加圖片、圖形和動畫，以增強視覺效果。包括使用 Canva 的圖庫和自定義設計功能。

4.　編輯與調整

探討如何編輯影片，包括剪輯、調整時長和添加過渡效果。介紹 Canva 的編輯工具以及使用技巧。

5. 配音與音效

討論如何為影片添加配音和音效，包括使用 Canva 的音樂庫或上傳自定義音頻。強調音效對影片氛圍的重要性。

6. 預覽與發布

描述預覽影片的步驟，檢查細節後進行發布。包括分享至社交媒體或下載的選項。

這些小節將幫助讀者全面了解在 Canva 中進行影片設計的創意流程，並提供實用的操作指南。

16-1-2　進入 Canva 網站

讀者可以用搜尋，或是用「https://www.canva.com/zh_tw/free/」進入網頁，進入網頁後可以看到下列畫面：

16-1-3　認識網站設計功能

請點選「開始設計」鈕，可以進入 Canva 網站，這時會有註冊過程，成功後畫面如下：

在設計功能區，這時我們需要點選影片。如果讀者不是獲得繁體中文的介面，請點選圖示 ⚙️，請選擇自己的帳號，在語言 (Language) 欄位，選擇「繁體中文 (台灣)」。

16-1-4　影片設計的類別

影片設計也有分類別，前一小節點選影片後，可以看到下列畫面。

如果心中沒有確定影片類別前，我們可以從最基本的空白影片開始，此時可以點選「影片 (1080p)」，1080p 是代表解析度。

16-1-5　影片設計的創作環境

延續前一小節，可以進入設計模式。

16-1-4 節預設環境下，點選「影片 (1080p)」，會建立一個 5 秒的空白頁面，如果我們現在執行檔案 / 儲存指令，就表示設計一個 5 秒的空白影片。

最簡單建立影片方式是，從影片範本類別選擇影片的主題，如果不做更改這就是我們設計的影片了。初學者經常需要使用以下功能：

● 復原：編輯會有做錯、想復原，此時可以按圖示 ↰ 。

● 關閉圖示：如果沒有看到關閉圖示 ✕ ，將滑鼠游標移到工具窗格就可以看到。

● 關閉工具窗格：設計過程，可能想用其他功能表，可以按關閉圖示 ✕ ，關閉工具窗格，然後暫時切換到其他功能表。或是設計結束，可以關閉工具窗格，用更大的區塊播放影片。

● 檔案 / 儲存：編輯過程，基本上 Canva 會自動保存。完成設計後，如果想要完整在自己的作品區保存，請執行檔案 / 儲存指令。

● 檔案 / 建立新設計：執行此功能，再選擇「影片 (1080p)」，可以重新開始設計新影片。

● 檔案 / 移至垃圾桶：當不想在自己的作品區保存設計時，請執行此指令。

原則上功能表的功能圖示是「白底黑色」圖案，如果某個功能圖示以彩色顯示，表示目前是啟動該功能，工具窗格會顯示該功能項目。所有功能圖示說明如下：

- 設計：有範本與樣式 2 個標籤。
  - 範本：這是 Canva 的核心價值之一，大量現成的設計範本，涵蓋各種主題和風格。用戶只需選擇適合的範本，然後輕鬆修改文字和圖片，無需從零開始設計。這不僅節省了時間，還能幫助初學者快速上手，創造出專業水準的作品
  - 樣式：這個標籤允許用戶快速調整設計中的配色和字體搭配。用戶可以選擇不同的配色樣式，以便讓整體設計更加協調。此外，這一功能還能根據主圖自動建議適合的配色方案，使設計過程更加便捷和高效。
- 元素：這是增強視覺效果和創意表達的重要工具。「元素」包括：
  - 音訊：用戶可以添加背景音樂或音效，以增強影片或簡報的情感表達，並可調整音量和同步效果。
  - 影片：Canva 提供多種授權影片素材，讓用戶能夠輕鬆添加動態效果，提升設計的吸引力和互動性。
  - 影像與照片：用戶可以從 Canva 提供的豐富庫存中選擇照片和影像，這些資源可以直接拖放到設計中，並進行編輯，如裁切和調整顏色。
  - 圖像、貼圖、集合與照片：提供類似於即時通訊的動畫貼圖和複雜的向量影像集合，用於增加趣味性和視覺吸引力
  - 形狀：包括各種幾何形狀、線條和邊框，用於創建流程圖、資訊圖或其他視覺元素，幫助組織訊息。
  - 圖表與表格：用戶可以使用圖表和表格來可視化數據，支持多種格式，如長條圖和圓餅圖，並可手動編輯數據或匯入資料。
  - AI 影像產生器：用戶可以根據提示詞生成獨特的圖片，這一功能利用 AI 技術為設計提供更多創意選擇。
- 文字：這是創作過程中不可或缺的一部分，能夠有效地傳達訊息和增強視覺效果。以下是文字功能的主要特點：
  - 添加文字：用戶可以輕鬆地在設計中添加文字，用左側面板的「文字」功能，選擇「新增文字方塊」或使用預設的標題、副標題樣式。
  - 字型與樣式：Canva 提供多種字型選擇，免費用戶可以使用內建字型，而 Pro 用戶則能上傳自定義字型。用戶可以調整字型大小、顏色和格式。例如：粗體、斜體，來適應不同的設計需求。

- ■ 文字對齊與間距：可以選擇不同的段落對齊方式，例如：靠左、置中、靠右等。並調整字母間距和列高，以確保可讀性和美觀性。

- ■ 特效與背景：有各種文字效果，例如：陰影、背景色和圓弧顯示，讓文字更加突出和吸引眼球。

- ■ 垂直文字：用戶可以將水平文字轉換為垂直顯示，這在某些設計中可能會增加視覺趣味性。

● 品牌：這是專為企業和個人設計的工具，主要是統一和管理品牌資產。

● 上傳：在 Canva 設計中，上傳功能是一個重要的工具，允許用戶將自定義的文件和素材整合到設計中。以下是上傳功能的主要特點：

- ■ 支援多種檔案類型：可以上傳各種檔案，包括影像 (例如：JPG、PNG)、影片 (例如：MP4)、音訊 (例如：MP3、WAV)，甚至 GIF 動畫。這些上傳的檔案會根據格式自動分類。

- ■ 簡單的上傳方式，有多種方式上傳，例如：按鈕上傳、拖曳上傳。

- ■ 錄製功能：上傳功能還包括錄製自己的影片和音訊，可以選擇不同的錄製模式，例如：相機、螢幕或兩者結合，並將錄製的內容直接使用於設計中。

● 繪圖：這是一個靈活的工具，用戶自由創作和標示。以下是該功能的主要特點：

- ■ 繪圖工具：有原子筆、麥克筆和螢光筆多種繪圖工具，用戶可依需要選擇不同的畫筆粗細和顏色。輕鬆地繪製基本形狀、線條或標示。

- ■ 封閉區域轉換：當使用原子筆或麥克筆繪製接近封閉的區域時，停筆後不放開滑鼠，可以自動將該區域轉換為整齊的形狀，例如：橢圓或三角形，這樣的設計功能提升了繪圖的便利性和美觀性。

- ■ 橡皮擦工具：橡皮擦功能允許刪除已繪製的物件，而非僅僅擦除部分內容。這使得編輯過程更加靈活，能夠快速清理不需要的元素。

- ■ 選取與編輯：所有繪製的線條都是獨立的物件，可用選取工具放大、縮小或旋轉。還可以更改顏色、粗細和透明度，以達到所需效果。

● 專案：此工具可幫助用戶組織和管理其設計作品。以下是其主要特點：

- ■ 集中管理：用戶可將所有相關的設計文件集中在一個地方，便於快速訪問和管理。或是根據不同的主題或用途創建專案資料夾，這樣可以提高工作效率。

■ 協作設計：用戶可以邀請團隊成員共同參與專案，進行即時協同作業，成員可以即時提供反饋和修改建議。

■ 版本控制：專案功能支持版本控制，用戶可以查看和恢復先前的設計版本，這樣在進行大幅修改時不必擔心丟失重要內容。

■ 簡報與分享：用戶可以將專案中的設計轉換為簡報格式，並透過鏈接或社群媒體分享給他人，這使得展示和推廣設計變得更加方便。

● 應用程式：這是一個強大的工具，用戶能夠擴展其設計能力，增強創作效率。以下是應用程式功能的主要特點：

■ 多樣化的應用程式整合：Canva 提供多種應用程式整合選項，用戶可以輕鬆地將第三方應用程式與 Canva 連接，以擴展功能。例如，使用者可以將 Google Drive、Dropbox 等雲端存儲服務與 Canva 整合，方便直接從這些平台上傳和使用檔案。

■ 驅動的設計工具：Canva 的應用程式功能包括多個 AI 工具，這些工具利用人工智慧自動生成內容和圖像，幫助用戶快速創建專業設計。

■ 即時翻譯功能：Canva 的 AI Translate 功能允許用戶在設計中輕鬆添加多語言支持。用戶只需選擇所需語言，系統便會自動翻譯文本，這對於需要針對不同語言市場的設計特別有用。

● 魔法媒體工具：這是 AI 驅動功能，允許用戶根據自然語言提示生成圖像和影片。此工具是在應用程式下面，以下是這一功能的圖示和主要特點：

魔法媒體工具

■ 影像：用戶可以輸入描述性提示，並選擇影像風格和比例，魔法媒體工具將根據這些提示生成多個影像選項，這是偏向圖片生成。

■ 圖像：用戶可以輸入描述性提示，並選擇圖像風格，魔法媒體工具將根據這些提示生成多個圖像選項，這是偏向手繪生成。

■ 影片：除了靜態影像或圖像，魔法媒體工具還支持影片生成。用戶可以輸入文字提示，創建短影片，這對於社交媒體內容和簡報特別有用。如果是免費 Canva 版，目前無法使用此功能。

16-2 設計生日祝福影片

　　Canva 之所以受歡迎，同時容易使用，主要是 Canva 擁有大量模板素材可以直接使用，這樣可以減少構思影片架構的時間。未來我們可以依據需求，編輯模板就可以完成設計了。

16-2-1 Pro 版專屬模板

　　使用 Canva 找尋模板時，如果該模板右下方有皇冠圖示 👑 ，表示這是 Pro 用戶專屬的模板，免費用戶無法使用。

16-2-2 選擇生日模板

　　Canva 提供了約 30 類的模板，Canva 內有幾萬種模板，分布在約 30 個類別，建立影片時建議可以從選擇模板類別開始。請選擇生日模板，選擇好模板後，將該模板拖曳至影片時間軸空白影片即可。

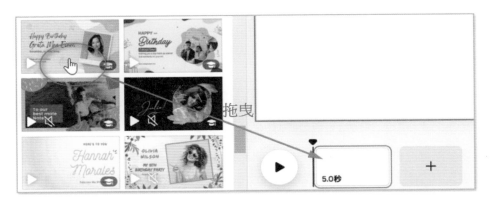

　　拖曳後可以得到下列結果。

上述點選圖示 ▶ 可以播放影片，現在執行檔案 / 儲存，就完成我們第 1 個影片了。

16-2-3　祝福 Judy 生日快樂

影片有預設的祝福對象，我們想要祝福的是 Judy，可以點選名字，可以參考下方左圖。刪除此名字，改成 Judy，縮減文字方塊長度，採用置中對齊，可以得到下方右圖。

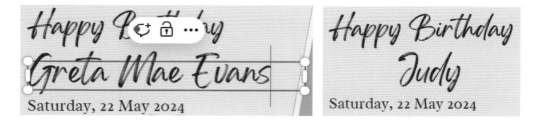

16-2-4　更改文字或字型

頁面文字可以點選編輯，或是刪除。

讀者點選左側欄的文字功能，此功能有標題、副標題、內文以及一系列藝術文字可以選擇。點選任一項時，相當於將該文字複製到頁面，筆者編輯文字內容如下。註：這是沒有特效的文字。

選取文字時,用於編輯文字的工具列

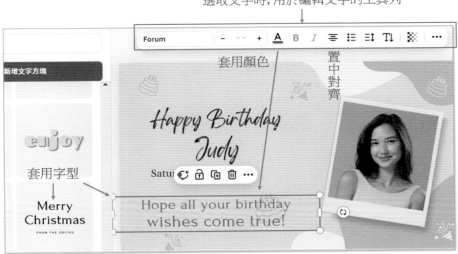

上述是經過調整字型大小、位置、顏色的結果。

16-2-5　更換 Judy 相片

請先執行上傳功能，然後上傳 ch16 的 judy.png，上傳後，可以在影像區看到此相片，請將 Judy 的相片拖曳至原先相片位置。

可以得到下列結果。

16-2-6　文字特效

　　建立文字時，就可以處理文字特效。如果沒有當下處理，可以選取文字再執行特效，選取文字後畫面如下：

❏　效果

❏　動畫

　　上述可以選擇一項動畫，選好後，會出現動畫出現時機 (進入時、退出時或兩者皆是) 或移除動畫鈕。下列是選擇動畫是「平移」在「進入時」出現。

16-2-7　頁面特效

選取頁面時，此頁面有一個紫色的粗框，這時可以對頁面做特效編輯。

❑　頁面 - 動畫

前一小節筆者介紹了文字特效，選取頁面後可以做頁面特效。

❑ 頁面 - 背景顏色

❑ 頁面 - 時間

上述可以調整頁面時間。

16-2-8 為影片配樂

我們可以用前面章節的內容用 AI 生成音樂,也可以用內建的音訊音樂,請點選左側欄的元素功能,然後選擇音訊,我們可以選擇合適的音樂,拖曳至影片時間軸。

　　每一段音樂皆有長度,如果音樂長度小於影片長度,則需要多首音樂。如果音樂長度大於影片長度,Canva 會自動裁剪音樂長度。

　　筆者已經完成了生日影片製作,現在讀者可以播放與儲存此影片

16-2-9　分享與下載

　　編輯區右上方有分享鈕,點選將看到下列畫面。

讀者可以複製連結與下載，ch16 資料夾有此 MP4，下列是播放的畫面。

16-3 編輯頁面

16-3-1 增加頁面

點選影片時間軸區的圖示 ＋，可以增加頁面。

影片設計時，只要將 2 個模板移到上述 2 個頁面就可以了。

16-3-2 編輯頁面

將滑鼠游標放在特定頁面，頁面右上方可以看到圖示 ●●● ，這是針對此頁面操作的圖示，點選此圖示可以看到新增頁面、複製 1 頁、刪除 1 頁、隱藏 1 頁 … 等。

16-3-3　頁面轉場特效

　　當有多個頁面時，轉場特效用於在不同影片片段或頁面之間創建平滑的過渡，使觀眾在觀看時感受到連貫性。將滑鼠游標移到頁面間，會出現轉場特效圖示 ◎。點選此圖示，會出現轉場特效窗格，我們可以由此選擇轉場特效。

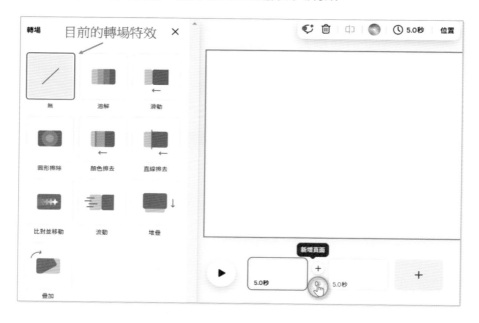

16-3-4　分割頁面

　　有的頁面時間比較長，例如：有一個頁面如下方左圖，影片時間比較長。請將滑鼠游標移到此處按一下，出現黑色標記，按一下滑鼠右鍵執行分割頁面，請參考下方右圖。

可以得到分割頁面的結果。

16-3-5 頁面內的圖層

有的模板內有多張照片重疊。

照片重疊

如果想要更改特定照片的堆疊順序，可以滑鼠指向該照片，按一下滑鼠右鍵，執行圖層指令，再選擇該圖片的圖層順序即可

⬨ 圖層	👉	⬦ 前移	Ctrl+]
⊫ 與頁面對齊	>	⬦ 移至最前	Ctrl+Alt+]
⦾ 取消群組	Ctrl+Shift+G	⬦ 後移	Ctrl+[
⏲ 顯示時間		⬦ 移至最後	Ctrl+Alt+[
↻ 評論	Ctrl+Alt+N	⬨ 顯示圖層	Alt+1

16-4 多頁面模板

有的模板內含多個頁面，例如：下列模板。

拖曳到時間軸空白頁面後，可以看到下列指出此模板有 3 個頁面。

我們可以點選套用全部 3 個頁面鈕，就可以一次匯入所有頁面。

有時候多頁面模板會做好轉場特效，有時候沒有轉場特效，這時我們需要自己處理。

16-5 模板頁面內含影片

　　有的模板頁面內部有影片，我們可以用相片或是影片拖曳至此影片框，取代原先的影片。

　　下方左圖是用相片取代的結果，下方右圖是用影片取代的結果。

16-6 魔法媒體工具

點選此工具後，可以看到影像、圖像與影片 3 個標籤，相當於我們可以輸入文字生成影像、圖像與影片。在創作影片過程，如果需要可以直接在此生成圖片。

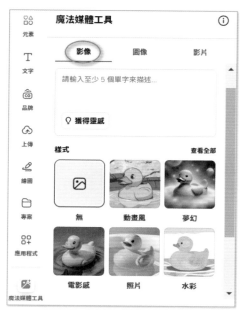

16-6-1 影像生成

筆者輸入 Prompt：「復古風機車海報」，可以生成 4 張影像。當按一下任一影像，可以在頁面看到影像，下列是按了 2 個影像，然後將重疊影像分離的畫面。

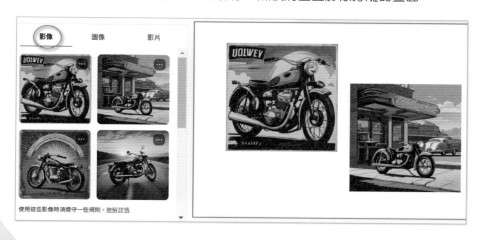

16-6-2　圖像生成

　　筆者輸入 Prompt：「摩托車上的點餐外送員」，可以生成 4 張影像。當按一下任一影像，可以在頁面看到影像。

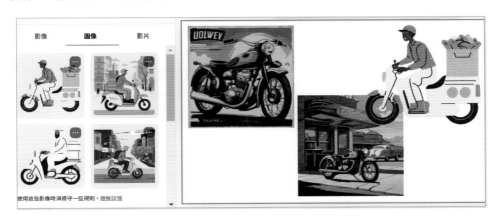

16-7　應用程式

　　還在為在不同設計軟體間切換而煩惱嗎？ Canva 為您解決這個問題！透過整合多款第三方應用程式，您可以輕鬆地在 Canva 中完成所有設計工作，無需再在不同平台間來回切換。

　　點選應用程式功能後，可以看到下列畫面。

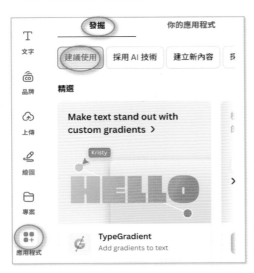

　　筆者電腦有註冊著名的 ChatGPT，此 ChatGPT 的 DALL-E 也整合在 Canva 了，請點選 DALL-E，可以得到下列結果。

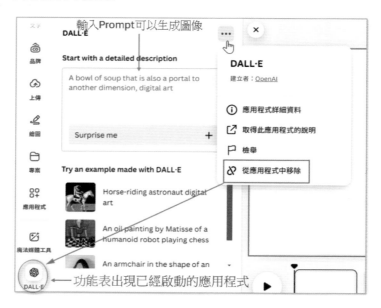

　　某個應用程式啟動後，左側功能表會出現該應用程式的功能圖示，未來如果想要刪除該圖示，可以在啟動後點選右上方的圖示 •••，再執行從應用程式中移除指令。

　　下列是筆者啟動 Anime Style 應用程式的另一個實例，Prompt 是「Girl walking in the city street」。

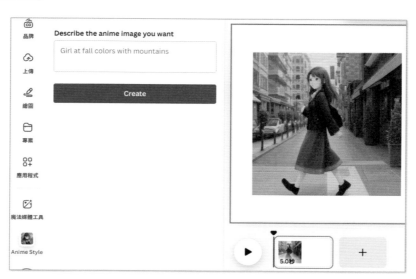

許多卓越的工具已被整合在 Canva，建議讀者可以探索。

16-8 繪製 Canva AI 影片設計的創意流程

> Canva AI 常見的應用場景如下，請依下列意境繪圖，請必須要有明顯的標題「Canva AI」
> 編輯媒體影片

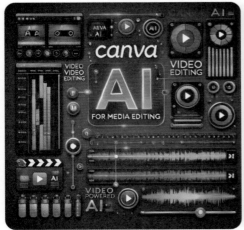

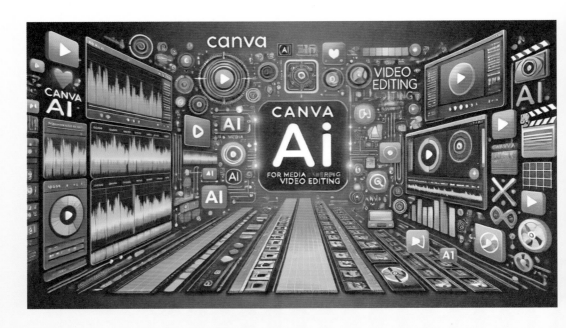

第 17 章

用 AI 打造吸睛影片
FlexClip 製作全攻略

FlexClip 是一款簡單易用的線上影片編輯工具，專為那些需要快速製作影片內容的人設計。它不僅提供豐富的模板和素材庫，還有強大的編輯功能，適合用於製作宣傳影片、教學影片、個人故事等多種用途。主要功能包括：

- 拖放編輯：無需複雜的操作，使用者可以通過簡單的拖放來添加影片片段、音樂、文字和特效，適合新手和快速製作內容的需求。
- 豐富的影片模板：提供多種類型的模板，包括企業宣傳、社交媒體、婚禮、教育等，幫助用戶快速開始影片創作。
- 多媒體素材庫：內建龐大的影片、圖片和音效庫，用戶可以輕鬆找到所需素材，無需外部搜尋。

總之 FlexClip 是一個專為需要高效影片製作的人設計的工具，無論是商業還是個人用途都很實用。

17-1　FlexClip 完全入門 - 打開創意製作的大門

17-1-1　進入 FlexClip 影片編輯器

讀者可以輸入下列網址，進入 FlexClip 網站。

https://www.flexclip.com/tw/editor/

17-1-2　認識 FlexClip 影片編輯器的功能

FlexClip 是一款功能強大的線上影片編輯器，可讓您輕鬆創建專業級影片。它具有以下功能：

❏ 基本編輯功能

● 修剪影片：根據需要快速修剪影片片段，無質量損失。

● 添加音樂：添加你最喜歡的音頻或背景音樂，透過剪輯使其與你的影片完美契合。

● 添加文字：為你的影片添加文字說明，快速、清晰地表達你的想法。

● 錄制外音：錄制聲音並添加旁白，清晰、流利地向你的觀眾闡述影片內容。

● 合併影片：將多個影片片段合併為一個影片。

● 添加浮水印：為你的影片添加浮水印，以保護你的版權或宣傳你的品牌。

● 調整比例：根據你的需求調整影片的長寬比。

● 調整影片質量：選擇合適的影片質量，以平衡檔案大小和影片清晰度。

❏ 進階功能

● 添加轉場：在影片片段之間添加轉場，使影片更加流暢。

● 添加字幕：為你的影片添加字幕，使其更易於理解。

● 添加濾鏡：為你的影片添加濾鏡，以營造不同的氛圍。

● 添加效果：為你的影片添加效果，使其更加生動有趣。

● 使用 AI 工具：使用 AI 工具，例如 AI 自動字幕、AI 文字轉語音和 AI 背景音樂，快速創建影片。

❏ 其他功能

● 提供大量模板：FlexClip 提供大量模板，可幫助你快速創建各種類型的影片。

● 支持多種格式：FlexClip 支持多種影片格式，包括 MP4、MOV、AVI、WMV、FLV 等。

● 可在多個設備上使用：FlexClip 可在多個設備上使用，包括電腦、平板電腦和手機。

FlexClip 提供免費和付費兩種版本。免費版本可讓您創建長達 12 分鐘的影片，並帶有 FlexClip 水印。付費版本可讓您創建更長的影片，並去除水印。

17-1-3　魔法工具

點選建立影片後，可以在下方看到魔法工具，未來會說明。

本章會穿插說明 FlexClip 的 AI 工具。

17-2　逐步指南 - 教你如何製作專業影片

進入 Flexclip 視窗開始畫面，點選建立影片，然後選擇影片大小，預設是 16:9。

將看到下列畫面，這是告知可以將此專案的媒體素材上傳。

如果沒有檔案要上傳,可以按右上方的關閉鈕,如果有檔案要上傳,可以將檔案拖曳至此輸入媒體區,此例,筆者將 ch17 資料夾的 deepwisdom_back.png 拖曳至此,可以得到下列結果。

17-3 FlexClip 熱門範本揭密 - 快速掌握的秘訣

17-3-1 熱門範本快速上手

新手建立影片建議先使用範本,請點選左側欄位的範本圖示 ,可以看到下列畫面:

　　筆者選擇目前最後歡迎的 Golden Corporate Anniversary slideshow 範本，如上所示，點選後可以看到這個範本的畫面，如果將滑鼠游標移到範本畫面，此畫面右下方可以看到 ➕ 圖示。

　　按加為場景圖示 ➕，可以將模板加入目前編輯影片。我們也可以拖曳模板到時間軸線的影片上。另一種是直接按應用全部 10 頁範本，將整個 10 頁範本全部載入編輯區。下列是將第 1 頁拖曳至時間軸編輯區的結果。

這個實例筆者拖曳 3 頁範本到時間軸區。

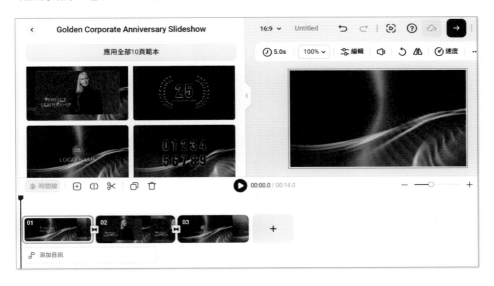

因為大部分功能和 Canva 相同,所以筆者沒有更詳細標註。

17-3-2　探索 FlexClip 豐富的範本

正式進入 FlixClip 網站後，點選範本功能，可以看到所有範本分類，讀者可以盡心挑選適合的範本應用在自己的影片。

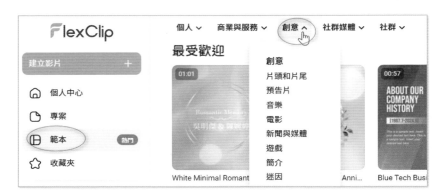

從上述可以看到 FlexClip 的範本有個人、商業與服務、創意、社群媒體和社群等，共 5 大類。每一大類又有許多小類，例如：點選創意大類又可以看到創意、片頭和片尾、… 等，更多分類等待讀者去探索。

17-4　範本文字編輯 - 提升影片表達力

17-4-1　文字編輯

首先點選要編輯文字在模板頁面的位置。

點選要編輯文字位置　　　　選取要編輯的文字

請將「FLEXCLIP PRESENTS」改為「深智數位 Deepwisdom」(分 2 列顯示)。

上述筆者有用格式工具，適度調整列高。當選取文字後，可以應用上方的編輯功能表編輯文字。幾個重要功能圖示說明如下：

● 格式：可控制字間距與行高。

● 動畫：可選擇所選物件入場、出場或是入出場 (預設) 動畫方式。

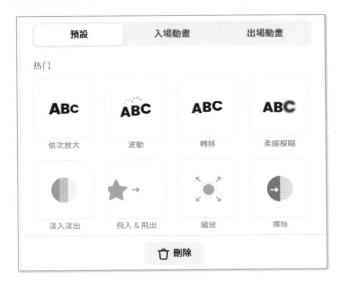

● 文字風格：可以設定頁面的文字風格。

另外：還可以看到下列 5 個工具。

● 配置：可以選擇對齊方式，或是說切齊方式。

● 圖層：可以設定文字在此頁面的上下層關係。

● 上鎖：經上鎖的可以被保護，不會意外移動或刪除。

● 複製：複製所選文字。

● 刪除：刪除所選文字。

17-4-2　AI 文字轉語音

編輯工具列的文字轉語音圖示 💬，可以為所選文字轉語音。點選後，影片展示區左邊會有 AI 文字轉語音窗格。

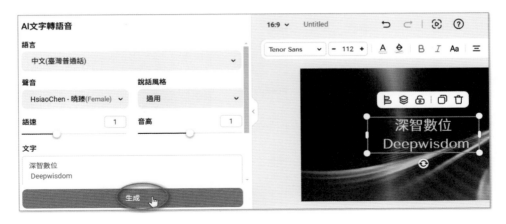

請點選生成鈕，可以看到所生成語音的下一步驟。

現在可以在時間線，看到這段語音，播放影片時會有「深智數位 Deepwisdom」語音效果。

17-4-3　動畫效果

上述文字本身有動畫效果如果我們想要更改動畫或是建立新文字時想要設定動畫，可以點選動畫圖示 ⟲ 動畫，影片展示區左邊會有動畫窗格，我們可以設定文字是入場動畫或出場動畫，然後設定動畫方式。

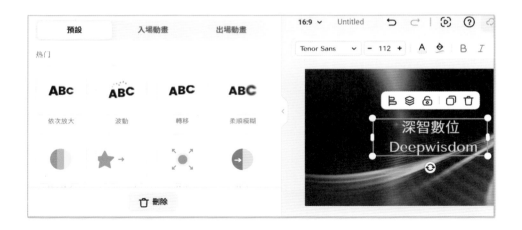

17-5 圖像編輯技巧 - 讓影片更具視覺效果

17-5-1 認識專案

FlexClip 和 Canva 一樣會有即時儲存的功能,我們點選左側欄的媒體圖示後,可以看到這個專案,以及此專案所用的素材。

17-5-2 頁面預留位置插入圖像

影片展示區請切換到第 3 頁,然後可以將上述 Logo 圖像拖曳到影片中央預留位置。

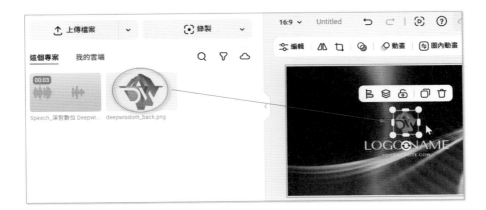

現在如果播放可以看到 Logo 圖像以動畫方式進入頁面。

17-5-3　頁面插入動畫圖像

我們可以在頁面任意位置插入圖像，插入後需調整位置與大小，如下所示：

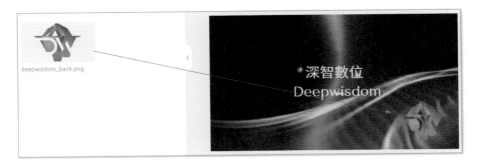

上述圖像沒有動畫效果，請選擇此圖像。

這時可以看到 17-4-3 節已經解說的動畫圖示。另外，可以看到圖內動畫，圖像被選取後，整個框就是一張小圖，圖內動畫功能是設定此圖像在此框內的移動方式，預設是無動畫。

此例，請點選動畫圖示 ◷ 動畫，請選擇預設標籤的飛入 & 飛出。

現在我們的 Logo 圖像已經有動畫效果了。

17-5-4　上傳與更換圖像

左側欄位的媒體功能有上傳檔案功能，請上傳 ch17 資料夾的 judy.png 檔案。

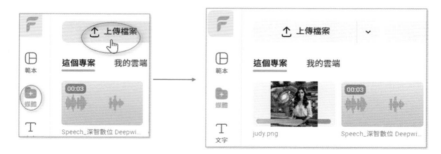

目前第 2 頁的圖像是範本預設。

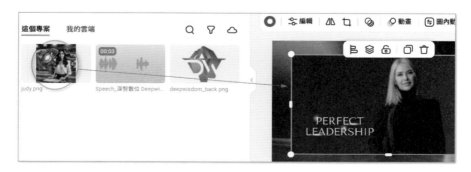

請拖曳 judy.png 圖像到範本位置,可以得到下列結果。

　　直接拖入圖像時,人像會依比例裁切,請連按 2 下中央圖像,可以調整中間圖像大小,才可以得到上述畫面。

17-6　添加音樂 - 提升影片吸引力的關鍵

　　我們可以使用 FlexClip 軟體配備的音效,請點選左側欄位的音訊圖示♫,可以看到目前有支援的音樂,每一首音樂左邊有 ▶ 圖示,可以試聽。選好音樂後,所選音樂右邊有圖示,點選此 + 圖示就可以將此音樂嵌入影片。

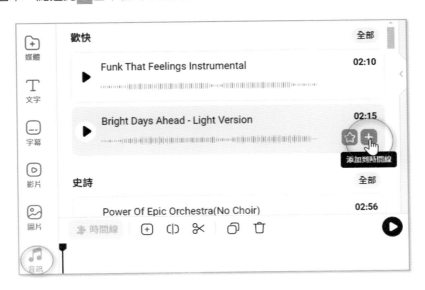

可以得到下列結果。

17-7 創意影片輸出

FlexClip 視窗右上方有輸出圖示➡，點選此圖示可以輸出影片。

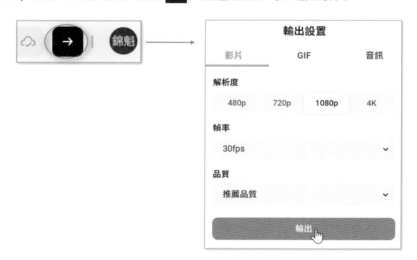

點選輸出可以將影片下載，本書 ch17 資料夾內有此影片「深智 .mp4」。

17-8 颱風新聞報導製作 - AI 自動字幕應用

17-8-1 載入颱風新聞報導影片

進入 FlexClip 的空白編輯環境，點選媒體功能，上傳 ch17 資料夾的 news.mp4。

請點選加為場景圖示 ➕，這個影片會進入編輯區，成為第 1 頁影片。

17-8-2 AI 自動字幕 – 大幅提升編輯效率

請點選左側欄的字幕功能。

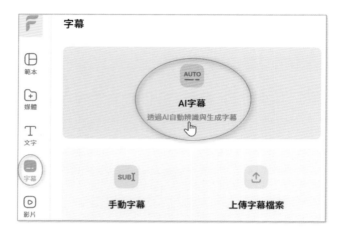

從上圖可以看到有「AI 字幕」、「手動字幕」、「上傳字幕檔案」等 3 個功能可以選擇，此例選擇「AI 字幕」。

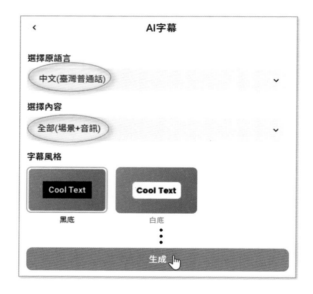

請按生成鈕，可以得到下列字幕。

上述小瑕疵,「現在是強風豪雨」是另一位記者的報導,可以將插入點放在「現在」左邊,然後按 Enter 鍵,可以得到下列結果。

上述執行結果,已經儲存在 ch17 資料夾的 news_text.mp4。

17-9 特效應用技巧 - 為影片增添視覺亮點

17-9-1 影片功能

FlexClip 有提供系列影片,讀者可以自由下載與應用,請選擇左上方影片。

17-9-2　特效功能

點選左側欄的特效功能，可以看到一系列的特效。

選擇某一影片後，可以為該影片增加特效。下列是為前一小節影片增加愛心特效的結果。

17-10　FlexClip 的 AI 領先優勢 - 創意影片新紀元

17-10-1　文字 - 專業美化影片的強大工具

進入編輯影片功能，點選文字功能，可以看到各類可以套用的文字樣式。

17-10-2　圖片 – AI 圖片生成器

FlexClip 的圖片功能提供系列圖片可以應用在影片上。

此外，FlexClip 也提供 AI 圖片生成器，可以用文字生成圖片，點選開始生成鈕後，可以看到下列畫面。

上述可以將圖片拖曳到畫面。

17-10-3　AI 影片生成器

17-1-3 節有介紹 AI 魔法工具，其實進入編輯影片環境，左側欄位有工具 📋 項目，點選也可以開啟 AI 工具，請執行 AI 影片生成，可以看到下方左圖。

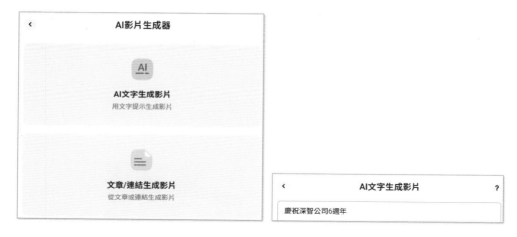

請點選 AI 文字生成影片。然後輸入文字，請參考上方右圖。

上述點選添加到時間線鈕，就可以將 AI 生成的影片加到影片設計中。

17-10-4　AI 影片腳本

這個功能可以幫助用戶快速生成高質量的影片腳本，內容包括場景描述、對話和旁白，使得創作過程更為高效。下方左圖是 Prompt，右圖是腳本內容。

17-11　螢幕錄製 - 打造高品質影片素材

在影片編輯環境，點選左側欄位的工具功能，可以看到錄製工具。

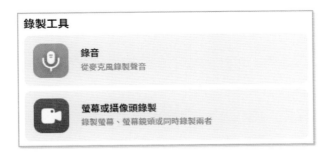

17-11-1　錄音

有了這個功能，我們可以為影片配音，例如：假設讀者載入 judy.png，點選錄音功能後，將看到下列畫面。

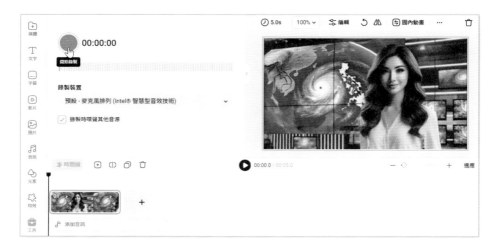

錄製聲音完成後，聲音也可以下載，整個完成後可以得到下列結果。

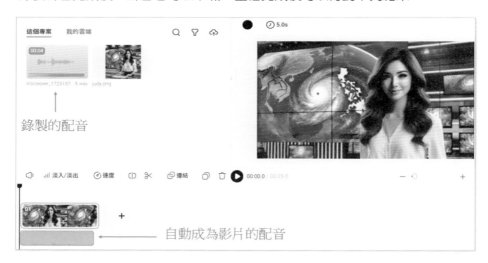

17-11-2　螢幕或是攝像頭錄製

這是一個應用非常廣泛的功能，可以用在下列場景。

● 教學與培訓

■ 線上課程：教師可以錄製教學內容，方便學生隨時回顧。

■ 產品展示：企業可以用於展示產品使用方法或功能，幫助客戶更好地理解產品。

- ■ 影片教學：創作者可以錄製影片教學，展示如何使用特定軟體或工具，並提供實時指導

- ● 遊戲直播：玩家可以錄製遊戲過程，並分享至社交媒體或遊戲平台，增強互動性和觀賞性。

- ● 社交媒體內容：網紅或是用戶可以創建吸引人的短片內容，用於社交媒體平台，如 YouTube、Instagram 等，以提升品牌曝光度。

點選後可以看到下列畫面。

上述有 3 個選項，其適用範圍說明如下：

❑ 螢幕＋攝像頭

- 適用環境：
  - 線上課程教學：能同時錄製講師講解的畫面和自己的影像，讓學生更生動地學習。
  - 軟體教學示範：一邊操作軟體，一邊錄製自己的解說，讓教學影片更清晰易懂。
  - 產品介紹：將產品展示在螢幕上，同時錄製自己的解說，讓觀眾更直觀地了解產品。
  - 直播回放：將線上直播的畫面和自己的影像同時錄製下來，方便後續剪輯和分享。
- 優點：
  - 一次錄製兩種畫面，省去後製合併的麻煩。
  - 畫面豐富多元，能更生動地傳達資訊。
  - 適合需要同時展示螢幕內容和個人形象的場合。

❑ 只要螢幕

- 適用環境：
  - 遊戲實況：只需錄製遊戲畫面，無需顯示自己的影像。
  - 軟體教學示範（無需露臉）：只需錄製軟體操作畫面，無需展示自己。

- ■ 簡報錄製：將 PowerPoint 或 Keynote 簡報錄製成影片。
- ■ 網頁錄製：將網頁上的內容錄製成影片。
- ● 優點：
  - ■ 檔案較小，處理速度較快。
  - ■ 適合專注於螢幕內容的錄製。

❏ **只要攝像頭**

- ● 適用環境：
  - ■ 個人影片部落格：只需錄製自己的影像，無需展示螢幕內容。
  - ■ 線上會議錄製：只需錄製與會者的影像。
  - ■ 產品試用分享：只需錄製自己使用產品的畫面。
- ● 優點：
  - ■ 畫面簡潔，更能凸顯個人特色。
  - ■ 適合需要專注於人物影像的錄製。

　　下列是以錄製「螢幕＋攝像頭」為例，點選開始錄製鈕後，將看到下方左圖畫面，這是提醒你接下來必須選擇一個「Chrome 視窗分頁」、「視窗」或是「整個螢幕畫面錄製」。

　　按了解鈕後，可以正式選擇要錄製的視窗，可以參考上方右圖，此例筆者選擇 Chrome 瀏覽器的一個視窗。上述按分享鈕後，可以開始錄製，這時會顯示你要錄製的視窗畫面。錄製期間，如果要暫時中止或是停止錄製，可以按下方左邊視窗標籤。

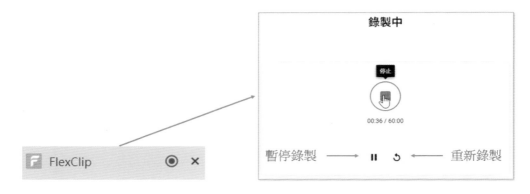

　　停止錄製後，可以看到下列畫面。

點選加入庫存鈕，就可以將錄製結果加入影片編輯頁面。

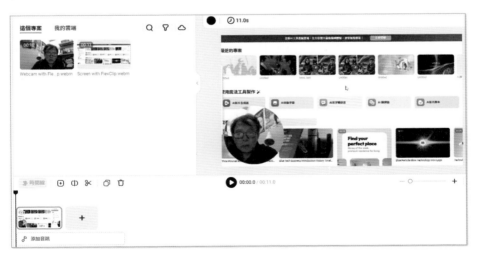

17-12 為影片添加浮水印 - 保護品牌與內容

使用 FlexClip 為影片添加浮水印的過程中，主要目的包括以下幾點：

- 保護版權：浮水印可以有效地保護創作者的版權，防止他人未經授權使用或盜用其影片內容。這對於商業用途尤其重要，因為它有助於維護品牌形象和知識產權。

- 增強品牌識別：透過在影片中添加公司標誌或品牌名稱作為浮水印，可以提高品牌的可見性和識別度。這樣，即使影片被分享或轉載，觀眾也能夠輕易識別出內容的來源。

- 提升專業形象：使用浮水印可以使影片看起來更專業，特別是在商業宣傳或市場推廣中。這不僅能吸引觀眾的注意，還能增強他們對品牌的信任感。

在影片編輯環境，點選左側欄位的工具功能，可以看到浮水印工具。

點選浮水印工具後，可以選擇文字或圖片浮水印。

- 文字浮水印：輸入文字後，可以選擇字體、大小、文字顏色、透明度和位置。
- 圖片浮水印：上傳圖片後，可以選擇尺寸、透明度和位置。

❑ 文字浮水印

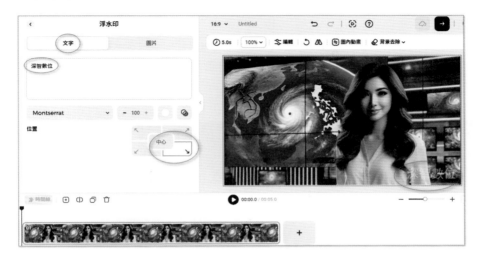

❑ 圖片浮水印

17-13　繪製 FlexClip 影片設計的創意流程

> 我撰寫了 FlexClip製作影片，請為此繪製圖像，繪製時必須要有明顯的
> 標題「FlexClip」，圖像必須展示立體的影片編輯的畫面，模擬了編輯
> 工具、影片片段和音波等元素，營造出高科技、專業的編輯環境。

七天 PLUS 免費試用折扣碼：HJKFREE14 有效期至 2026/10/30

兌換流程：

1. 進入頁面 https://www.flexclip.com/redeem

2. 點選右上角 Login, 輸入 email 註冊新帳號或輸入 email 和密碼登入帳號

3. 對話框輸入 code，點選 Redeem 即可

七折專屬折扣碼：HJK30OFF 有效期至 2026/10/30

兌換流程：

1. 進入頁面 https://www.flexclip.com/tw/pricing.html， 複製折扣碼，選擇套餐並進入
   結算頁面。

2. 點選 "有優惠券嗎？" 按鈕輸入並兌換折扣碼。

3. 折扣將自動套用，只需點擊「立即付款」按鈕即可領取本次優惠。

十個價值 $119 的 PLUS 包年免費抽獎活動折扣碼：

1　HJKFREEPLUS_2sTSqc2pc
2　HJKFREEPLUS_2sTIegqsd
3　HJKFREEPLUS_2sTTgcCLU
4　HJKFREEPLUS_2sT76gewa
5　HJKFREEPLUS_2sTe7fOMC
6　HJKFREEPLUS_2sTH5a4P5
7　HJKFREEPLUS_2sTKB5S1e
8　HJKFREEPLUS_2sTUg5EiZ
9　HJKFREEPLUS_2sTR3enls
10　HJKFREEPLUS_2sTv892KP

兌換流程：

1. 進入頁面 https://www.flexclip.com/redeem

2. 點選右上角 Login, 輸入 email 註冊新帳號或輸入 email 和密碼登入帳號

3. 對話框輸入 code，點選 Redeem 即可

PS: 有效期 2025.9.30

如有任何問題，請聯絡 support@flexclip.com

第 18 章

創作迷因短影片
上班族日常

　　每天上演的辦公室喜劇，從無厘頭的會議到令人窒息的 Deadline，這些日常瑣事早已成為我們茶餘飯後的談資。將這些「迷因」般的上班族日常轉化為短影片，不僅能為自己留下趣味回憶，更能引起廣大上班族群的共鳴。這篇文章將帶你從腳本撰寫到後製剪輯，一步步打造出屬於你的職場喜劇短片，讓你的創意在網路上爆紅。

　　這一章將用第 17 章介紹的 FlexClip 當作影片編輯工具。

18-1　短影片創作流程與技巧

18-1-1　「上班族日常」- 短影片創作流程

1. 發想與企劃

   - 主題鎖定：從上班族日常中挑選一個普遍共鳴的點，例如：開會睡覺、打卡下班、水壺不離手等。

   - 迷因選定：選擇一個熱門的迷因模板或梗圖，將上班族元素融入其中。

   - 腳本撰寫：將想法具體化，寫出簡單的腳本，包括畫面、對白、動作等。

   - 目標觀眾：釐清目標觀眾是誰，他們喜歡什麼樣的幽默風格？

2. 素材準備

   - 影像素材

     - 自拍：利用手機拍攝日常生活片段。

     - 畫面擷取：從影片、電影中截取經典畫面。

     - 梗圖素材：網路上有許多免費的梗圖素材可供下載。

     - AI 生成：可使用 Copilot、ChatGPT 或 DALL-E ... 等。

   - 音效素材

     - 辦公室環境音：鍵盤聲、電話聲、會議室的嗡嗡聲。

     - 音樂：選擇能襯托氣氛的背景音樂。

     - AI 生成：可使用 PopPop AI 或 Stable Audio ... 等。

   - 文字素材

     - 創作對白：根據腳本，為角色設計對白。

- 流行語：加入時下流行的網路用語，增加趣味性。
- AI 生成：可使用 ChatGPT 或 Gemini ... 等。

3. 影片製作

- 剪輯軟體：選擇適合的剪輯軟體，例如：Canva, FlexClip 等。
- 影片剪輯：將影像、音效素材剪輯成片段，並按照腳本順序組合。
- 特效添加：加入文字、貼圖、轉場等特效，增加視覺效果。
- 配樂：選擇適合的背景音樂，並調整音量。
- 字幕：加入字幕，方便觀眾理解。

4. 內容優化

- 長度控制：迷因影片通常較短，控制在 15 秒至 45 秒內。
- 節奏明快：利用快速的剪輯和音樂，保持影片的節奏感。
- 笑點聚焦：將重點放在一個或兩個笑點上，避免過於冗長。
- 畫質清晰：確保影片畫質清晰，避免模糊不清。

5. 平台發布

- 社群媒體：將完成的影片上傳到 Instagram、TikTok、Facebook 等社群平台。
- 標籤使用：使用相關的標籤，例如：上班族日常、迷因、搞笑等，增加影片曝光率。
- 互動交流：與網友互動，回應留言，增加影片的熱度。

18-1-2　迷因創作小技巧

- 觀察生活：多觀察身邊的上班族，從中擷取靈感。
- 善用流行元素：結合時下熱門的梗圖、流行語，讓影片更貼近年輕人。
- 誇張手法：將日常情境誇大化，製造笑點。
- 反轉劇情：顛覆觀眾的期待，增加趣味性。
- 多方嘗試：不斷嘗試不同的風格和題材，找到自己的創作風格。

18-1-3　其他範例主題

本章內容是延續 6-8 節的迷因歌曲「上班族日常」，下列是讀者可以延續創作的主題。

● 開會系列：「開會睡覺被抓包」、「會議中肚子餓的掙扎」、「老闆的語錄」
● 加班系列：「下班後的日常」、「加班到深夜的疲憊」、「週末加班的怨念」
● 辦公室戀情：「暗戀同事」、「辦公室八卦」、「情敵出現」
● 職場新人：「職場新人常見的 NG 行為」、「新人求生指南」

18-2　影片素材 - AI 繪製圖像

本書籍由於篇幅限制，因此建立腳本，使用 2 張 AI 生成的圖與 6-8 節的「上班族日常」歌曲。

18-2-1　繪製上班情景

因為使用迷因歌曲「上班族日常」為例創作影片，因此也以該歌曲內容為 AI 生圖的主題。

> 我創作一首迷因歌曲"上班族日常", 歌詞如下
> 打卡上班好痛苦，老闆交代的工作做不完，想睡覺想放假，每天都在崩潰邊緣。
> 請為此繪製圖像

因為影片一般是 16:9，所以筆者改用全景繪圖，同時調整內容如下。

你畫得非常好，請修改2個部分：
1：增加放假的渴望，也就是在圖的右上方增加雲朵，此雲朵是自己想像海邊度假的景象
2：請用全景

此實例使用上方左圖，用 girl_office.png 儲存在 ch18 資料夾。

18-2-2　繪製起床模樣

請用全景繪製這位台灣年輕女性上班族起床，由鬧鈴叫醒的模樣

上述檔案用 girl_sleep.png 儲存在 ch18 資料夾。

18-2-3　繪製下班模樣

請用全景繪製，這位女性上班族開心下班的模樣

18-3　Runway 建立動畫

請使用第 7 章介紹的 Runway 建立動畫。筆者輸入英文 Prompt：「The video begins with the woman staring at the paperwork on her desk, looking tired. Suddenly, her thoughts flash to a tropical beach scene, with palm trees swaying and waves gently hitting the shore. In the final second, the scene cuts back to the office, and she smiles slightly, showing a brief moment of relaxation.」(影片開始時，女性盯著辦公桌上的文件，表情顯得疲倦。隨後，她的思緒快速轉向海灘，畫面立刻切換至熱帶海灘的景象，椰子樹隨風搖曳，海浪輕輕拍打沙灘。最後 1 秒，回到辦公室，她臉上露出一絲微笑，顯示短暫的放鬆。)。

上述影片下載到 girl_office_video.mp4。

18-4　FlexClip 影片剪輯

請進入 FlexClip，建立新專案後，分別將「上班族日常 .mp3」、「girl_sleep.png」、「girl_office.png」和「girl_office_video」載入媒體區。

18-4-1　建立影片頁面

由於每一個空白影片頁面是 5 秒，所以筆者複製了 8 頁空白影片頁面。

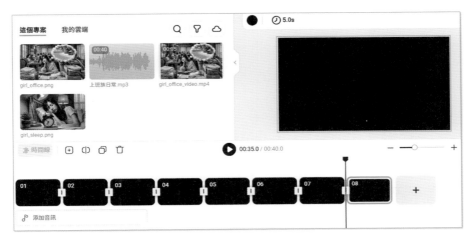

18-4-2　載入音訊和媒體頁面

- 「上班族日常 .mp3」歌曲。
- girl_sleep.png 載入第 1 頁。
- girl_office.png 載入第 2、4 和 6 頁。
- girl_office_video.mp4 載入第 3、5 和 7 頁。
- girl_offwork.png 載入第 8 頁。

18-4-3　頁面建立特效

請為 8 個頁面建立特效：

- 第 1 頁：霓虹。
- 第 2 頁：電子風。
- 第 3 頁：雪花。
- 第 4 頁：邊框。
- 第 5 頁：星辰。
- 第 6 頁：電子風。
- 第 1 頁：科技。
- 第 2 頁：電子風。

整個建立完成，如果點選左側欄位的媒體，可看到所有素材和整個影片。

拖曳可以控制下方頁面顯示比例

18-4-4　影片加上標題

請點選左側欄位的文字功能，請在首頁建立「上班族日常」標題。

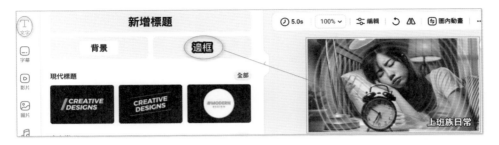

請在最後一頁建立「深智數位 洪錦魁製作」。

18-4-5　影片加上字幕

請點選字幕功能，然後使用 AI 字幕，選擇請參考下方左圖。

請點選上述左圖下方的生成鈕，可以得到上方右圖的結果。需留意，因為是 AI 聽歌曲生成，可能歌曲咬字不清楚或其他原因，可能會有錯字，請檢查內容逐一確定。

18-4-6　增加浮水印

請點選左側欄的工具，執行浮水印，然後上傳 ch18 資料夾的 deepwisdom.png，位置選擇左上方，尺寸選擇 40%，可以得到下列結果。

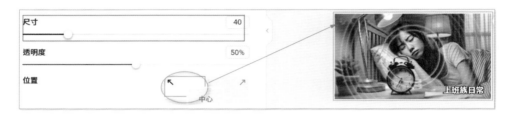

18-4-7　轉場特效

幾個頁面之間的特效如下：

- 第 1 和 2 頁：場景 / 滑動。
- 第 2 和 3 頁：場景 / 旋轉，使用預設順時針。
- 第 3 和 4 頁：場景 / 旋轉，逆時針。
- 第 4 和 5 頁：光效 / 虛幻紅光。
- 第 5 和 6 頁：光效 / 動態藍光。
- 第 6 和 7 頁：場景 / 擦除。
- 第 7 和 8 頁：場景 / 旋轉。

18-5 下載與分享

此影片已儲存在 ch18 資料夾的 office_girl.mp4。

南極旅遊歌-Jiin-Kwei.mp3 ♡
Jiin-Kwei

00:01/02:04

媒體播放器

00:00:35

00:00:11

南極旅遊歌專輯

第 19 章

AI 編寫
自唱南極旅遊歌

　　想像一下，AI 不只會寫詩，還能為南極量身打造一首動聽的歌曲，並且用逼真的歌聲演唱。 這聽起來像是科幻小說的情節，卻在 AI 技術日新月異的今天成為可能。這篇文章將帶領你探索 AI 在音樂創作上的無限潛力，從歌詞生成、旋律編曲到聲音合成，一窺 AI 如何為遙遠的南極譜寫一曲獨特的頌歌。

19-1　ChatGPT 編寫南極旅遊歌詞

19-1-1　歌曲創作

> 我想用Suno創作一首歌曲，主題是「南極旅遊」，妳可以為此寫約90秒的中文和英文歌詞嗎

◎　當然！以下是我為「南極旅遊」創作的約90秒中文和英文歌詞：

中文歌詞：

歌名：南極的夢境

(Verse 1)
白色的世界在眼前展開，
冰川閃耀著如鑽石般的光彩，
企鵝們排成一列，迎接我們的來，
在這冰冷的國度，我找到了寧靜的海。

(Chorus)
南極的夢境，帶我飛越極地，
風雪中我感受自由的氣息，
那無垠的雪地，映照我心底，
每一步，都像是靠近天地的奇跡。

(Verse 2)
極光在天邊閃爍著光芒，
彷彿為我們鋪開一條銀色的路徑，
海豹的低語，像古老的歌唱，
在這冰封的世界裡，我心隨風飄蕩。

(Chorus)
南極的夢境，帶我飛越極地，
風雪中我感受自由的氣息，
那無垠的雪地，映照我心底，
每一步，都像是靠近天地的奇跡。

(Outro)
南極的純白，是大地的呼吸，
這旅程，是我心靈的航行。

English Lyrics:

Title: Antarctic Dream

(Verse 1)

A white world unfolds before my eyes,

Glaciers sparkle like diamonds in the skies,

Penguins line up, welcoming us with cheer,

In this frozen land, I've found my peaceful frontier.

(Chorus)

Antarctic dream, take me across the pole,

In the snowstorm, I feel freedom in my soul,

The endless ice, reflects what's deep inside,

With every step, it feels like a cosmic ride.

(Verse 2)

Auroras light the skies with a silver hue,

As if paving the way for something new,

Seals whisper songs of an ancient lore,

In this frozen world, my heart begins to soar.

(Chorus)

Antarctic dream, take me across the pole,

In the snowstorm, I feel freedom in my soul,

The endless ice, reflects what's deep inside,

With every step, it feels like a cosmic ride.

(Outro)

The pure white of Antarctica, is nature's gentle sigh,

This journey is the voyage of my spirit, reaching high.

歌詞應該是在同 1 欄，為了省篇幅，筆者用 1 個欄顯示。

19-1-2　音樂風格建議

上述歌曲對於「Style of Music」，請給建議

針對「南極旅遊」這個主題，歌曲的風格可以反映出南極的壯麗、寧靜與神秘，並讓聽眾感受到與大自然融為一體的美好。以下是幾種適合的音樂風格建議：

1. 新世紀音樂（New Age Music）

- **風格特徵**：新世紀音樂強調靜謐、冥想和自然的氛圍，常以輕柔的電子音效或鋼琴、弦樂作為主要樂器，帶給人心靈平靜的感覺。

- **適合度**：這種風格能很好地捕捉南極的寧靜與純潔，讓聽眾彷彿置身於冰雪天地之中。

- **參考藝術家**：Enya、Yanni、Kitaro。

- **編曲建議**：使用長音的電子合成器背景音效，加入柔和的鋼琴或豎琴，以及偶爾出現的弦樂，營造出廣闊與空靈的感覺。可以加入輕柔的風聲和冰川碎裂的聲效來增加氛圍。

↓

2. 環境音樂（Ambient Music）

- **風格特徵**：環境音樂注重氣氛的營造，以電子音效、自然聲音和長音來創造一個讓人身臨其境的聲音空間，帶給聽眾放鬆與沉思的感受。
- **適合度**：這種風格非常適合描繪南極的空曠與孤獨感，同時讓歌曲擁有某種史詩般的宏大感覺。
- **參考藝術家**：Brian Eno、The Orb、Moby。
- **編曲建議**：可以使用大量的回聲效果和延音電子合成器，模擬出無盡的冰原空間感。同時加入冰雪破裂、風聲等自然音效，增添真實感。

...

結論：

如果你想要強調「南極旅遊」的神秘感與壯麗景象，我建議以 **新世紀音樂** 或 **環境音樂** 為基礎，因為這兩種風格能夠營造出廣闊、寧靜且令人著迷的音樂氛圍，同時能突出自然的奇觀。如果你想讓歌曲更具有大眾吸引力或現代感，也可以嘗試電子流行風格，讓歌曲更具感染力。

這樣的風格選擇不僅能匹配南極的主題，也能讓歌曲帶給聽眾一種心靈上的探索與寧靜感。

從上述可以看到 ChatGPT 建議以新世紀音樂 (New Age Music) 或環境音樂 (Ambient Music) 為主。

19-2 Suno 創作南極旅遊歌曲

19-2-1　中文南極旅遊歌

筆者創作主題是「南極旅遊歌」，Lyrics、Style of Music 和 Title 欄位輸入如下：

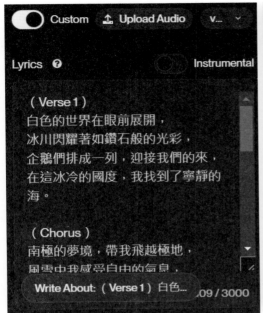

請點選 Create 鈕，可以得到下列結果，筆者存入「南極旅遊歌 .mp3(和 wav)」。

19-2-2　英文南極旅遊歌

儘管前一小節已經生成了中文的南極旅遊歌曲，筆者發現 Suno 在生成英文歌曲時，無論是節奏的流暢度、旋律與和聲的結構，還是演唱的情感表達，都比中文歌曲更具優勢。因此，筆者依照相同的步驟，生成了英文版的南極旅遊歌曲。

請點選 Create 鈕，可以得到下列結果，筆者存入「antarctica.mp3(和 wav)」。

19-3　TopMedi AI 用自己的聲音翻唱

19-3-1　翻唱中文南極旅遊歌

15-2-3 節筆者有使用 TopMedi AI 克隆自己的聲音，現在使用該聲音翻唱「南極旅遊歌 .mp3」，畫面如下：

點選 Generate AI Cover 鈕後，可以得到下列結果。

播放後畫面如下：

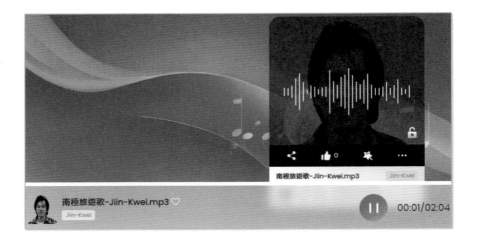

19-3-2　翻唱英文南極旅遊歌

請參考前一小節，但是載入 antarctica.mp3，可以得到下列結果。

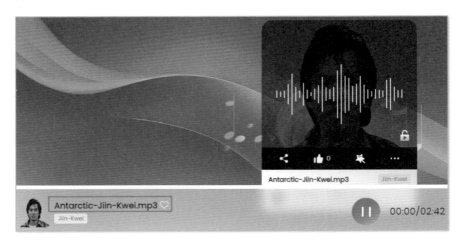

19-4　製作南極旅遊歌影片專輯

在 ch19 資料夾有下列圖片與影片，分別載入 FlexClip 工具。

● 南極 1.jpg：第 1 頁。

● 南極 2_video.mp4：第 2 和 3 頁。

- 南極 3_video.mp4：第 4 頁。

- 南極 4_video.mp4：第 5 和 6 頁。

- 南極 5.jpg：第 7 和 8 頁。

- Antarctic.mp3：背景音樂。

- deepwisdom.png：浮水印。

AI 字幕時請選擇「英語 (美國)」，可以得到下列結果。

上述執行結果儲存到 ch19 資料夾的「南極旅遊歌專輯 .mp4」。

Note

Note

Note

Note